高等院校"十三五"应用型艺术设计教育系列规划教材

橱 柜 设 计

主 编 刘 佳 赵 璧

参 编 宗 林 喻 荣

李佳龙 曹世峰

合肥工业大学出版社

图书在版编目（CIP）数据

橱柜设计/刘佳等主编. —合肥：合肥工业大学出版社，2017.6
ISBN　978-7-5650-3391-9

Ⅰ.①橱… Ⅱ.①刘… Ⅲ.①厨房—箱柜—设计 Ⅳ.①TS665.2

中国版本图书馆CIP数据核字（2017）第147344号

橱 柜 设 计

刘　佳　赵　璧　主编　　　　　　　　责任编辑　王　磊

出　版	合肥工业大学出版社	版　次	2017年6月第1版
地　址	合肥市屯溪路193号	印　次	2017年6月第1次印刷
邮　编	230009	开　本	889毫米×1194毫米　1/16
电　话	艺术编辑部：0551-62903120	印　张	6.75
	市场营销部：0551-62903198	字　数	228千字
网　址	www.hfutpress.com.cn	印　刷	安徽联众印刷有限公司
E-mail	hfutpress@163.com	发　行	全国新华书店

ISBN　978-7-5650-3391-9　　　　　　　　　　　定价：45.00元

如果有影响阅读的印装质量问题，请与出版社市场营销部联系调换。

　　现如今，橱柜在欧美国家已经相当普及，在国际家具市场上所占的份额也非常大。橱柜属于现代家具的一种，同时橱柜也代表了家庭生活的现代化。虽然我国橱柜行业的兴起和发展才短短十几年，尚且处于启蒙阶段；但随着我国房地产行业的快速发展，人们对于厨房设施的现代化要求日渐增高，相信不久的将来我国橱柜行业将成为最有发展前景的新兴行业！

　　中国的橱柜市场正处在飞速发展阶段，相应的人们对于橱柜的消费理念也在随之变化。本书对橱柜的起源与发展以及其设计的基本知识做出了介绍说明；针对现代我国橱柜的发展状态，分析阐述了现代橱柜的加工与制作的基本方法；最后对整体橱柜的安装与维护知识做出系统介绍。参与本书编写的有武昌理工学院艺术设计学院刘佳老师，广东工业大学艺术与设计学院赵璧老师，以及宗林、喻荣、李佳龙、曹世峰等老师。

　　本书的内容深入浅出，采用图文并茂的形式，使知识点通俗易懂，便于读者理解和掌握。其内容结构性强且深入浅出，对于橱柜设计与制作方面的知识有系统的阐述，并结合大量实例进行说明，内容生动，即使是初学者也能通过此书掌握橱柜设计与制作的基本知识。在结构上，本书每章节都附有测试题和参考答案用于检验学习效果，便于学习者提高所学的知识与技能。本书本书十分适合建筑环境设计与施工、家具设计与制造等专业的工程技术人员参考学习，同时也可供高等学校建筑环境与设备工程、木材科学与工程、家具与室内设计等相关专业的师生参考。

编　者

2017.6

第1章 橱柜的起源与发展

现如今，橱柜在欧美国家已经相当普及，在国际家具市场上所占的份额也非常大。橱柜属于现代家具的一种，同时也代表了家庭生活的现代化。虽然我国橱柜行业的兴起和发展才短短十几年，尚且处于启蒙阶段；但随着我国房地产行业的快速发展，相信不久的将来我国橱柜行业将成为最有发展前景的新兴行业！

本章重点介绍了橱柜的起源以及国内外橱柜行业的发展现状，分析了我国橱柜行业的发展趋势以及橱柜设计的新动向。

1.1 橱柜的概念

橱柜，又称"家庭厨房家具"、"橱兵"等；是家庭厨房内集烧、洗、储物、吸油烟等综合功能于一身的家庭民用设施；它最早是由日本可丽娜橱柜株式会社井上胜兴提出的概念：是现代整体厨房中各种厨房用具与厨房家电的物理载体和厨房设计思想的艺术载体，所以它是现代整体厨房的主体。在某种意义上我们甚至可以把整体厨房的设计等同于整体橱柜的设计。橱柜由吊柜、地柜、台面和各类功能五金配件组成。（图1-1、图1-2）

图1-1

图1-2

1.2　橱柜的起源

　　整体橱柜起源于欧美，于20世纪80年代末90年代初传入我国广东、浙江、上海、北京等地，并逐步向其他省市渗透发展。到90年代末，随着改革开放的深化，人民群众生活水平的提高，生活方式的改变，国外厨卫文化的传播影响，现代家庭橱柜这一新生事物迅速在大陆各地蓬勃发展，并形成了庞大的产业市场，成为我国的朝阳行业。在中国，最早引入并生产整体橱柜的是深圳市得宝实业发展有限公司旗下的德宝西克曼品牌（成立于1993年）及广东欧派家居的欧派品牌（成立于1994年）和意大利列宾（RELISH）橱柜。（图1-3至图1-5）

图1-4　广东欧派家居橱柜

图1-3　德宝西克曼品牌橱柜

图1-5　列宾橱柜展示

1.2.1　国外橱柜发展的基本状况

　　时间推至20世纪80年代，厨房设计又面临新的形势。欧洲的厨房设计师们开始探索：是否应该在设计时注意设计对象与其他产品之间的关系，必须要跨出设计对象的设计范围来考虑问题。如设计杯子，不是单纯以是否符合人体工程学或以优美的造型为标准，而要考虑它在什么场合使用，要让杯子能与周围的环境相适应。随着设计师考虑的设计范围日趋增大，出现了以品种分类的边缘的模糊化问题，各类学科也有了互相兼容的现象，即学科的交叉化。在思想与艺术的碰撞下，在生活与理性的交融下，欧洲橱柜界在世界上首次提出了"打造个性化厨房"的理念！（图1-6）

图1-6　充满个性化的厨房

同时，另一个强力冲击来自电脑。20世纪80年代，个人电脑的普及给厨房设计带来了无法想象的冲击。原先用画笔描绘或用其他特殊技法完成的效果图，现在只需用一台硬件配置很好的电脑和优秀制图软件相配合，便可使制图所花费的时间缩短一半以上，并且图样美观准确。这对设计及其教育体系是革命性的冲击。

在两大冲击的影响下，欧洲橱柜厂商开始纷纷研发适用于本企业的厨房专业设计软件。速度、高效、系统、公正、科学……这类型的专业软件由于其优点的不可超越性，而在欧洲得到普及。

当今时代，随着全球跨地域文化交流的不断深入，厨房生活的理念发生了明显的变化。具体表现在：强烈的时代气息与个性化风格被重点提倡，厨房生活的科学性、合理性在逐渐加强，传统厨具风格与时尚流行风格的深入融合等。由于家居空间的大幅扩充，开放式的厨房不再只是主妇的专属地，而是全家人生活的所在。人们的厨房观念也从基本烹饪功能向多功能、娱乐化、舒适性的方向发展。（图1-7）

图1-7 现代橱柜设计

1.2.2 中国橱柜发展的基本状况

我国橱柜行业的形成是在20世纪90年代中期。随着我国房地产业的兴起，极大促进了橱柜行业的形成和发展。目前，我国橱柜行业生产正处在高速发展期，整体橱柜被社会广泛地接受，是商品住宅和家庭装修中的重要内容。橱柜行业经过十几年的发展，不断引进国外的先进生产技术，提高设计生产水平，国产橱柜的制造技术和品质正不断提升。随着管理经验的积累，我国橱柜业在各方面走向成熟与规范，设计、生产、安装、配套、服务已经形成了比较完善的体系，应用互联网传递销售信息和进行技术交流走在整个家具行业的前列。（图1-8）

图1-8 橱柜设计展示

图1-9　具有设计感的现代橱柜

图1-10　橱柜设计展示

图1-11　高级橱柜设计展示

目前在我国城市居民家庭中，整体橱柜家具拥有率仅有6.8%，这个数字远远低于欧美发达国家35%的平均水平。在未来城市家装的消费中，厨房装修费用将占到30%以上，而橱柜家具又将占这项费用的60%。随着整体厨房概念的普及，加之我国《住宅整体厨房行业标准》的正式实施，都给橱柜行业带来了新的契机。在未来五年内，我国将有2900万套整体厨房家具的市场容量，平均每年即580万套。

据中国产业调研网发布的中国橱柜行业现状调研分析及市场前景预测报告（2016年版）显示，作为中国家具建材产业链中的重要组成部分，橱柜属于新崛起的朝阳产业。中国橱柜生产企业由1994年的20多家发展到目前的3000多家，覆盖全国所有的省会城市、二级城市以及超过90%的县级市场的庞大的产业体系已经形成。一批优秀的橱柜企业相继涌现，如欧派、科宝、康洁、我乐、东方邦太等知名的专业橱柜企业。与此同时，一些家电、厨具企业如海尔、澳柯玛、华帝、老板、方太等也积极向橱柜和整体厨房方向延伸，并成为行业的佼佼者。目前国内橱柜企业主要集中于北京、上海、福建、广东、重庆等几大区域，这几大区域在设计、服务、管理等方面引领着国内橱柜行业的发展。但每个地方又有各自的区域品牌，形成各自占地为营、诸侯争霸的局面。（图1-9）

中国橱柜业的发展催生了一波又一波的发展机会，高额的利润和市场潜力让企业经营者和投资者都处于一个风高浪尖的地方。我国橱柜行业快速增长的势头并没有减弱，在一级城市家庭橱柜购买力还没有饱和，新房及换装改造的刚性需求也非常强劲；在二线、三线城市，与中心城市的差距日益减小，橱柜市场的需求也非常巨大。区域市场接下来将成为橱柜品牌竞争的重要战略筹码；世界经济一体化，给中国经济带来发展机遇，橱柜制造加工中心正在向中国转移，巨大的国际市场为我国橱柜行业的发展提供了新的舞台，市场前景广阔！（图1-10、图1-11）

1.3　我国橱柜行业发展趋势和橱柜设计发展趋势

现如今，人们对于厨房设施的现代化要求日渐增高，而中国的橱柜市场也在飞速发展，相应的人们对于橱柜的消费理念也在随之变化。结合国内外橱柜行业的最新发展动向来看，中国橱柜市场势必将发生翻天覆地的变化。

1.3.1　我国橱柜行业发展趋势

随着中国经济的发展，人们生活水平的提高，尤其是国家开放二胎政策，居民住房的需求增加，相应的橱柜行业也在快速发展，中国橱柜市场进入成长期。橱柜市场上出现了不少如海尔、博洛尼、欧派等知名品牌。目前我国橱柜行业主要集中于北京、上海、广东等一线区域，而这些区域也在管理、设计和服务方面作为中国橱柜行业的风向标存在。

根据《2015—2020年中国橱柜行业产销需求与投资预测分析报告》分析，我国橱柜市场在近几年会向着定制化、环保化和风格化发展。具体表现在以下几个方面：

1. 制作材料环保化

针对中国橱柜行业的发展，国家中心做出了长期的市场调查，调查表明，在过往的十年里，顾客在购买橱柜产品时，其消费观念发生了质的变化。经济的迅速发展，人们的消费水平得到了提高，越来越多的人开始追寻更好的生活品质，橱柜行业形成了一股相对成熟的消费潮流。在生产理念与消费不断成熟的过程中，不少的消费者对橱柜的选择从单纯的实用性转移到了实用性、美观性与环保性并存的高品质型橱柜上来。正因如此，绿色环保作这个新的增长点正在被更多的橱柜生产企业和消费者认同，成为支撑整个橱柜行业发展的重要理念。

图1—12　带有环保标志的材料

一直以来环保都是热门话题，在装修行业这点也尤为明显。如今消费者在选择橱柜产品时会尤为重视材料的甲醛释放量，有意识地选择甲醛释放低的产品，在实际购买中也会优先选择带有环保标志的产品。由此可见，健康环保的概念已经成为橱柜行业竞争优势的一部分，在不久的将来势必越来越多的橱柜制造商会在选材时优先考虑环保这一有利条件。（图1-12、图1-13）

图1—13　海尔首创"all green"厨房

例如2006年，海尔率先提出了"绿色全程"的厨房研发理念，在橱柜行业引起了一股绿色生产的热潮。海尔厨房自主研发了F0级超环保厨房，实现了甲醛0排放。不仅如此，海尔厨房还率先实施了从研发到安装一站式服务的模式，其过程严格监控，保证每一个环节都绿色环保，成功引领了橱柜行业的绿色发展。

环保型橱柜不仅是我国橱柜行业的发展方向，也是我国在"十一五"规划中对每一个企业提出的要求。我国橱柜行业所用于装饰的表面材料、人造板、工业塑料以及涂料，都应该符合国际技术标准以及环保技术的要求。环保型橱柜不仅要求在使用过程中对健康与环境无害，还要求其在生产过程与回收再利用方面达到国际环保要求。未来橱柜产品的用料会更倾向于自然，即使人工合成的材料也不会含有损害健康、不环保的物质，不会产生有害气体，在回收和再利用方面也不会对环境造成负担。

2. 制作形式定制化

现如今，橱柜的主要消费群体集中在25~35岁的年轻人，这类人拥有丰富的想象力和创造力，对于生活品质有一定要求，在厨房装修时注重风格的营造，希望根据厨房的结构设计出独具风格的橱柜。因此，不少品牌针对这类顾客群提出了定制服务，充分满足了消费者的个性化需求。这类服务从风格、选材以及尺寸上都能根据消费者的需求来定制，这种灵活机制将会越来越受欢迎。

（1）功能定制。根据消费者的不同要求，对清洁消毒、冷藏、食品加工、油烟处理、垃圾处理、水净化、自洁、中央控制、空气调节、管线界面、储存、智能化、模块化、网络化以及节能环保等功能进行针对性设计，提供人性化、娱乐化并且省时省力的定制化设计。

（2）空间定制。款式设计和空间布局的理念个性化、人性化、系统化，对边、角、肚以及上、中、下等空间进行整合化设计和布局。

（3）文化定制。将会提供更多的符合中国人饮食习惯和文化的功能设计，将具有传统中国色彩和文化气息的元素更多地加入外观设计中，定制更具中国文化气息的温馨、舒适并且实用的橱柜产品。

3. 消费品牌化

随着经济的发展，人们的生活水平越来越高，顾客在选择橱柜产品时，不仅仅会考虑价格与质量，也会考虑产品的品牌。不少消费者认为，一个好的品牌不仅是质量的保证，也能体现良好的生活品位。可以毫不夸张地说，好的橱柜品牌在某种程度上代表了顾客的身份。

我国的橱柜行业正处于飞速发展中，大型橱柜品牌间的资本运作和并购整合并不少见，不少国内优秀的橱柜生产品牌越来越重视对市场行业现状的研究。

1.3.2 我国橱柜设计发展趋势

从目前中国橱柜设计市场上来看，虽然存在缺少系统构思能力与创造力的现象存在，但不可否认中国的橱柜设计市场正在飞速发展，也存在不少具有中国文化特色的产品设计。分析近几年的中国橱柜设计市场，不难发现我国的橱柜设计市场正在向以下几个方面发展：

1. 造型设计本土化

与国外品牌相比，中国橱柜要想更具竞争优势势必在设计上要更有特色，在造型上要更多地融入具有中国特色的符号。在功能设计上，要更多地考虑中国烹饪与国外烹饪的区别，做出更适合中国人烹饪习惯的造型设计。特别是在橱柜设计趋于同质化的今天，良好的设计风格与有特色的设计形式已经成为最能体现产品特色的主要元素。因此，我们不仅要在技术上抓紧创新，更要在设计上创立更具本土文化的橱柜品牌。

2. 色彩搭配多样化

现如今，随着橱柜风格的不断更新换代，橱柜造型的颜色也在不断变化，不再以白色为主要潮流，而是根据不同的设计风格做出针对性的颜色调整。例如"地中海风"所用到的主色调为蓝色和白色搭配使用。（图2-14）

图1—14 地中海风格橱柜设计

3. 制作材料多样化

欧洲专业化的橱柜生产商在技术上已经赋予橱柜新的生命力与美学内涵。在中国，对环境及人类无害的环保材料（譬如具有高技术含量的工业塑料构成件以及符合国际环保组织认证的E1级多元人造板材），已经普遍应用在橱柜设计与制作的方方面面。用符合国际环保标准的ABS原料设计制作的柜抽门边框既具有实木的装饰效果又健康环保，广受消费者的欢迎。在橱柜台面材料上，出现了不少带有高技术含量的新型材料，譬如人造大理石台面、BMC复合型人造石台面以及人造实体台面，这些新型材料正在广泛地应用和普及。新型材料的不断出现与应用说明，我国橱柜产业的现代化科技水平以及美学内涵都有了很大程度的提高。

科技在不断发展，橱柜的制作材料也在不断更新，各类安全、智能、功能与环保一体化的材料将会更多地应用到橱柜设计之中，而橱柜设计所用的材料与配件也将更多地体现健康环保的概念。厨房电器与橱柜都将向着网络化和智能化发展。

4. 橱柜与家电一体化

橱柜与家电的一体化是指整体橱柜与厨房用具以及厨房电器之间能有机协调在一起，成为一个整体。这种一体化正在成为现如今橱柜设计的主流。对于商家而言，橱柜能与家电互动销售是能带来利益最大化的有利点；而对于消费者而言，也希望设计师能通过橱柜与家电一体化来设计定制出既能合理利用空间又能起到良好视觉效果的设计。这种方式带来了橱柜界的又一设计浪潮。也正是这种全新的设计方式让海尔品牌提出"橱柜家电一体化"的设计理念，也让格兰仕与欧派能够携手联合设计。相信不久的将来，这种形式在中国橱柜市场将会越发凸显。（图2-15）

由于橱柜行业较高的利润率和巨大的市场需求潜力，许多知名的厨电企业如海尔、澳柯玛、华帝、老板、方太等也积极向橱柜和整体厨房方向延伸。

图1-15　橱柜家电一体化

测　试　题

一、判断题（判断下列说法是否正确。若正确请画"√"，错误请画"×"）

1. 橱柜，又称"家庭厨房家具"、"橱兵"等；是家庭厨房内集烧、洗、储物、吸油烟等综合功于一身的家庭民用设施。（　　）

2. 橱柜在我国家庭中普遍起来的时间仅仅两到三年左右。（　　）

3. 环保型橱柜要求在使用过程中对人体与环境无害即可。（　　）

4. 为了在视觉上显得厨房空间大，橱柜的主色调一定要采用白色。（　　）

二、单项选择题（每题的备选项中，只有1个是正确的，请将其代号填在横线空白处）

1. 橱柜由吊柜、_____、台面和各类功能五金配件组成。

　　A. 烟道　　　　　　　B. 人造板材　　　　C. 地柜　　　　　　D. 门板

2. 我国橱柜行业的形成是在_____。

　　A. 上世纪90年代　　B. 上世纪70年代　　C. 上世纪80年代　　D. 上世纪60年代

三、多项选择题（每题的备选项中，至少2个是正确的，请将其代号填在横线空白处）

1. 我国橱柜行业发展趋势包括_____。

　　A. 制作材料环保化　　B. 制作形式定制化　　C. 消费快速化

　　D. 消费品牌化　　　　E. 制作风格统一化

2. 制作形式定制化可以从这几个方面展现：_____。

　　A. 区域定制　　　　　B. 功能定制　　　　C. 空间定制

D.　材料定制　　　　E.　文化定制

3.　我国橱柜设计发展趋势包括：_____。

A.　造型本土化　　　B.　色彩搭配多样化　　　C.　造型欧美化

D.　制作材料多样化　　E.　橱柜与家电一体化

4.　在中国，最早引入并生产整体橱柜的为：_____。

A.　方太橱柜　　　　　B.　德宝西克曼橱柜　　C.　欧派橱柜

D.　列宾（RELISH）橱柜　E.　海尔橱柜

答　　案

一、判断题

1.　√　2.　×　　　3.　×　　4.　×

二、单项选择题

1.　C　2.　A

三、多项选择题

1.　ABD　2.　BCE　3.　ABDE　4.　BCD

　　在学习橱柜设计之前，首先要对其结构有深入的认识，其次是对橱柜的各类配件要有详细的了解。因为现代橱柜的综合性、科学性以及美观性都离不开配件的支撑。

　　由于厨房环境复杂，油烟多、接近水火，所以橱柜设计在其材质的选择上比其他的方面要多费心思，考虑这些复杂的环境因素。科学技术的进步，新型材料的出现，使现在的厨房越来越精致。一般而言，橱柜的材料可以分为台面材料、柜体材料、门板材料以及各样配件。在这些材料中台面是使用者最常接触的，所以在设计制造过程中必须考虑到台面是否耐热、耐压、耐水、耐磨和防火等诸多性能。

　　本章重点讲解了橱柜的主要结构、橱柜常用的材料、各种橱柜配件及其特征。

2.1　橱柜的基本构造

　　为了满足消费者的个性化需求，橱柜的构造形式也千变万化。一般而言，橱柜的基本构造分为吊柜、工作台面、地柜和其他配置组成，其中吊柜、工作台面和地柜是橱柜的主体构造。（图2-1）

2.1.1　橱柜主体构造

　　随着经济的发展，时代的进步，人们的观念也在随之变化，橱柜的构造形式从最开始的单纯满足功能到现如今对个性化的满足。虽然橱柜的外在形式一直在变化发展，但其基本构造却并没有发生根本的改变。分析橱柜的基本构造，主要由以下几个部分组成：

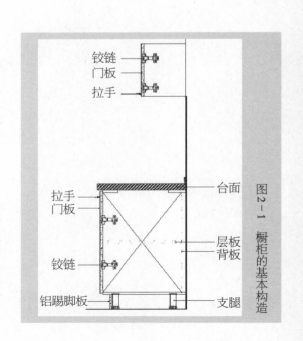

图2-1　橱柜的基本构造

1. **吊柜**

吊柜的柜体分为开放式和封闭式两种。开放式的柜体指的是不安装门板，相应的封闭式是指安装门板的柜体。在选择橱柜门板时，为了达到良好的视觉效果，通常会结合不同的材料展现。比如根据需要配置不同颜色和形式的玻璃门，从而营造不同的风格。在设计上，吊柜必须与微波炉、消毒柜以及抽油烟机等厨房电器组合起来，让它们在结构和风格上成一体，营造整体的视觉效果。所以，设计师在设计吊柜时必须考虑到厨房开关、线管以及煤气表等内容。（表2-1）

表2-1　吊柜柜体常用尺寸

分　类	代号	模数	柜体外形尺寸系列
普通吊柜	L	M	2M，3M，4M，4.5M，5M，6M，7M，7.5M，8M，9M
	W	M	3M，3.5M
	H	M	4M，5M，6M，7M
吸油烟机吊柜	L	M	6M，7.5M，9M
	W	M	3.5M，4M（含门板）
	H	M	3M，5M，7M
调料柜	L	M	3M，5M，6M，7M，8M，9M
	W	M	1.5M，2M，2.5M，3M
	H	M	3.5M，4M，6M

注：L为柜体长度；W为柜体宽度（进深）；H为柜体高度；1M＝100mm

2. **工作台面**

橱柜的工作台面也可以看作是地柜的一部分，一般工作台面都会装有炉灶与水槽。另外，橱柜往往根据其工作台面的不同分为整体式和分体式两类。

3. **地柜**

橱柜中所占面积最大的一部分就是地柜，地柜可分为高柜和低柜两种。在造型上，地柜和吊柜一样可以搭配一些开放式的柜体加以点缀。相对于吊柜来说，地柜的结构更为复杂，一般包括水槽、垃圾桶、米槽、炉灶和各类拉篮等。所以，设计师在设计地柜时不仅要注意总体安排上的平衡，还要对各项内容的尺寸进行微调，以保证柜体的整体和谐美观。

在现代厨房中地柜一般分为三种高度，根据洗、切、炒功能的不同来划分，相距一般为100mm左右。由于人体在切菜过程中最舒适的高度在850mm左右，洗菜时手探入水盆为100mm左右，因此从高度上说，水盆的高度应该有所增加；而炒菜时，锅与灶台的高度在100mm左右，因此灶具柜的高度应该减少100mm。（表2-2）

在橱柜设计中，我们也可以根据具体的尺寸做出修改。有的橱柜的地脚高100mm、150mm，地柜高660mm、790mm、920mm；而有的橱柜的地脚高150mm、200mm，地柜高760mm、860mm、1000mm。虽然尺寸有所不同，但总体来说都在以上几个范围内。

表2-2　地柜柜体常用尺寸

分　类	代号	模数	柜体外形尺寸系列
操作台柜	L	M	1.5M、2M、3M、4M、4.5M、6M、7.5M、8M、9M、10M
	W	M	4.5M、5.5M、6M
	H	M	8M、8.5M、9M
炉具柜	L	M	6M、7.5M、8M、9M
	W	M	4.5M、5.5M、6M（台面宽）
	H	M	6.5M、8M、9M（含台面）
水槽柜	L	M	6M、8M、9M、10M
	W	M	5M、5.5M、6M（台面宽）
	H	M	8M、8.5M、9M（含台面）

注：L为柜体长度；W为柜体宽度（进深）；H为柜体高度；1M＝100mm

2.1.2　橱柜的配件组成

橱柜的配件一般可以分为厨房电器、柜内功能配件和五金件这三类。现如今整体厨房的概念已经广泛被人们所接受，而各类厨房配件也成为现代厨房不可或缺的部分。

1.　厨房电器

现代厨房中参与烹饪、清洁与储存的各种家用电器都属于厨房电器类别，一般包括吸油烟机、灶具、水槽、消毒柜、洗碗机、电冰箱、电饭煲、微波炉、汽水器等，其中吸油烟机与灶具属于标准配置。（图2-2）

吸油烟机　　　　　　　　　洗碗机　　　　　　　　　灶具

消毒柜　　　　　　　　　热水器　　　　　　　　　微波炉

电饭煲

电磁炉

电烤箱

图2—2　各类厨房电器

（1）吸油烟机。吸油烟机有欧式与中式两种。在外观上欧式为烟道式，存在活性炭滤网和清洗指示灯的设计。当清洁指示灯亮时，需要把滤网摘下，放入洗碗机或者用软刷清洗干净再使用。吸油烟机会通过滤网过滤油烟，从而确保烟罩和排烟管内部的清洁；中式吸油烟机几乎都为挂油杯式设计，风扇电动机直接把油烟从风管排到户外，因此中式吸油烟机风量会很大。无论是中式吸油烟机还是欧式吸油烟机，都必须具备良好的静音效果。我国标准规定，吸油烟机在工作时的声音不宜超过65~68dB。

（2）灶具。灶具按外形可分为五种，分别为：单眼灶、双眼灶、三眼灶、四眼灶以及五眼灶；按使用能源来划分可分为电炉灶和燃气灶两种。其中电炉灶分为电陶炉、电热炉、电磁炉与卤素炉等诸多款式（图2-3）；而燃气灶又分为天然气和煤气两种。灶具的表面材料一般采用不锈钢、玻璃、搪瓷珐琅这三种，目前市场上最为流行的是玻璃灶。

（3）水槽。现如今，市场上常用的水槽材料为人造石和不锈钢两种（图2-4）。人造石水槽美观大方、干净卫生，不容易滋生细菌，在设计时往往跟人造石台面制作成一体。不锈钢水槽分为台上盆与台下盆两种，其中台上盆比较常见。所谓台上盆，是先将水槽嵌在台面上，再打上玻璃胶粘连。人造石水槽在使用过程中，由于台面上的水经常会渗透到玻璃胶内，所以时间久了有可能出现开胶的现象。而台下盆

图2—3　电炉灶

图2—4　人造石水槽与不锈钢水槽

图2-5 阻尼回弹全开式抽屉

图2-6 高深拉篮

图2-7 联动拉篮图

安装示意图

图2-8 联动拉篮安装示意图

却避免了这一弊端，因此台下盆安装效果要比台上盆好。

2. 柜内功能配件

柜内功能配件的主要作用是增加或组成橱柜的功能，从而更方便人们使用。它一般包括抽屉、各样拉篮以及特殊功能配件等。

（1）抽屉是厨房用来分门别类的好帮手，从取放率来说，抽屉的直接取放率要比门板高出百分之三十。这个数据表明抽屉使用起来更方便快捷，更符合人体工程学。从等级上划分，抽屉可分为低档型（如木屉、铁屉）、普通型（如半拉开成型屉、钢屉）以及高级型（如自闭阻尼成型屉、全拉开成型屉）三种。目前国内市场使用最为广泛的是具有阻尼回弹功能的全开式高级成型屉。（图2-5）

（2）各样拉篮

① 高深拉篮。高深拉篮储藏空间大，可以双面取物，经济适用。（图2-6）

② 联动拉篮。安装联动拉篮的抽屉在开门时联动系统会将置物架同时拉出。联动拉篮一般配有内外双置物架，物品分类清晰，取放方便，一目了然。（图2-7、图2-8）

③ 调味品拉篮。调味品拉篮中的超窄拉篮是专门用来存放各种调味品的，其尺寸非常适合150~200mm的柜体。在具体设计时可以加入分隔器，以便取放高瓶时能足够安全。（图2-9）

④ 转角联动拉篮。转角联动篮也称为"小怪物"，它是专用于U形以及L形橱柜转角处的高档金属拉篮。转角联动篮不仅方便取放物品，而且可以有效节省空间。安装了转角联动篮的柜体只要往前拉动柜门，可以将隐藏在柜子最深处的物品推送到眼前。（图2-10）

⑤ 高身转动拉篮。高身转动拉篮也称为"大怪物"，它是橱柜中用于储存物品的高档金属转篮。高身转动拉篮储物功能强大，配合900mm的柜体时能够最大限度地利用空间。（图2-11）

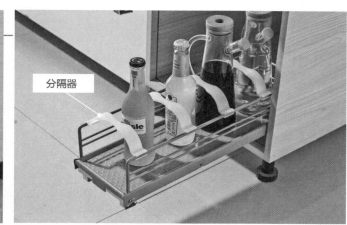

分隔器

图2-9　调味品拉篮与分隔器

a

图2-11　高身转动拉篮

b

图2-10　转角联动拉篮的开启过程

c

d

⑥ 折门转篮。折门转篮是将门板对折后转入柜体，旋转后可以轻松自行关闭，使用起来非常便利。（图2-12）

（3）特殊功能配件

① 刀叉盘。利用刀叉盘的摆放可以对餐具和厨房用具进行分门别类的码放，这样不仅可以让取放时一目了然，还可以让抽屉底层清理起来更方便。如图2-13所示，木质材料的刀叉盘将不同功能的餐具进行分门别类的收纳，这样一目了然也方便整洁。

图2-13　木质刀叉盘

图2-12　折门转篮

② 升降桌。升降桌不同于传统桌子，它可以根据操作需要来随意调整高度和位置。从设计上来说，升降桌更符合人体工程学，既可以作为一家人享受晚餐的餐桌，也可以作为料理台使用。（图2-14）

③ 气动升降柜。与普通对开门、翻板门相比，气动升降柜最大的特点是可以将柜门无声息地平移开启；而普通的对开门、翻板门则容易碰伤使用者的头部。（图2-15）

图2-15　气动升降柜

图2-14　厨房升降桌

④ 抽拉餐台。抽拉餐台可以一台多用，既可以当作料理台，也可以作为简单的餐桌使用。抽拉餐台可采用折叠式轨道将餐台收纳到柜体内，这样可以更好地节省空间，也让使用变得更便捷。（图2－16）

图2－16　抽拉餐台

⑤ 平移上翻门。平移上翻门与普通柜门相比最大的特点就是不易在使用过程中发生碰撞。在现代橱柜设计中，吊柜的使用频率非常高，再加上其位置较高，人们在开启吊柜的时候很有可能出现碰头的危险。而平移上翻门由于其独特的开启方式，从而避免了这一点。如果能更好地优化平移上翻门的气动装置，那柜门的开启与关闭将会更静音，用户体验会更好。（图2－17）

⑥ 角柜推桶。角度推桶是优化角度空间设计的必选方案。角度推桶中的按压推桶可轻松转入柜体，旋转后又可以人性化地自动关闭。角度推桶在外观设计上也因为其时尚大方而深受现代人的喜爱，被广泛的应用在现代橱柜设计中。（图2－18）

⑦ 米箱。米箱是用来储存大米的容器，其容量大多10kg到15kg，材质大多为不锈钢。不锈钢的米箱不仅可以防虫抗潮还可以用来计量。（图2－19）

⑧ 垃圾桶。垃圾桶是用来放置厨房垃圾的容器，分为台面垃圾桶和内置垃圾桶两种。现代厨房垃圾桶的设计不仅外观美观，而且使用起来更加方便、人性化。（图2－20）

图2－17　平移上翻门

图2－18　角柜推桶

图2—19　米箱

图2—20　台面垃圾桶与内置垃圾桶

⑨ 多功能挂件。多功能挂件包括挂钩或者墙面上的加装横杆，合理的多功能挂件不仅可以很好地方便使用者，还可以更好地利用有限空间。使用者可以将物品或者工具悬挂，特别是烹饪时常见的工具，比如锅铲、刀具、调味品、抹布等，这样既整齐也随手可及。(图2—21)

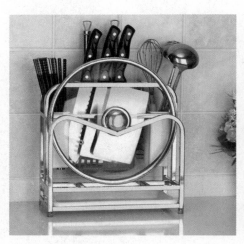

图2—21　多功能置物架

3. 五金件

在现代厨房家具中，五金件是其重要的组成部分，也是衡量一套橱柜价值高低的主要依据，可以毫不夸张地说，五金件的好坏直接决定了橱柜的使用寿命。

（1）铰链。铰链是用来连接两块固体并且允许两者相互转动的机械装置（图2－22）。铰链往往由可移动或可折叠组件构成，按其材料常分为不锈钢与铁两种。用于现代橱柜设计中的铰链多为阻尼铰链，其特点是在关闭柜门时可以带来缓冲，以最大程度地减少柜体碰撞时的噪音。

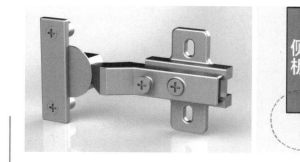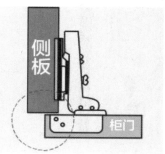

图2－22　铰链及其安装图

橱柜铰链根据其安装方式的不同可分为脱卸式（也称为快装铰链）与固定式两种。据调查，在正常使用情况下，橱柜柜门每天需开合20~30次，一年大约一万次。由此看来，一个良好质量的铰链尤为重要。影响铰链质量的因素有两种：一是耐腐蚀性，厨房环境复杂，铰链的耐腐蚀性需达到盐雾48h表面测试；二是结构强度，铰链负重需达到34.02kg，开合需达到十万次。除此之外，根据门板的重量正确排列分配与精确安装铰链也是确保其使用寿命的关键。

（2）抽屉滑轨。在橱柜设计制作中抽屉滑道的重要性仅次于铰链。抽屉滑轨主要分为三种：全包式回弹型、金属侧板型以及托底型。采用全包式回弹型滑轨制作的抽屉能够全拉出，方便物品的取出与存放；采用金属侧板型滑轨设计的抽屉左右两侧带有钢板，且采用厚板制作背板与底板，不仅空间利用率高，而且结构牢固；托底型抽屉滑轨价格比较低廉，结构相对简单，更适合于木质的侧板抽屉。现如今大多抽屉滑轨都具备了阻尼技术，带有阻尼技术的滑轨可以在关闭抽屉时带来缓冲，从而满足消费者对高品质橱柜静音的要求。

抽屉滑轨的阻尼技术在抽屉距离柜体完全关闭50mm处开始生效，至此抽屉开始进入缓冲状态，最终悄无声息地关闭。阻尼技术最大的好处就是减少柜体在关闭时的噪音，不会产生剧烈的柜体碰撞。通过阻尼技术处理的关闭动作不再颤动和拖沓，这不仅是对内置物的保护，也是对良好生活环境的营造。（图2－23）

图2－23　具有阻尼技术的抽屉滑轨

（3）拉手（图2－24）。拉手在种类上分为三种：嵌入式、明装式以及隐藏式。在整体橱柜设计中，拉手可以说是橱柜的眼睛，其颜色款式需要根据橱柜整体的设计风格来搭配。搭配得当的拉手可以起到锦上添花的作用，提升橱柜的整体品位与美观度。

（4）吊码。吊码是用来悬挂吊柜的专用配件，实现吊柜与墙体的连接，其承重要求40公斤以上。由于吊码起到悬挂吊柜的作用，所以对于其选择和安装的安全性要求特别高。在安装吊码时，不仅要确定合适的安装位置，还要事先在墙体上预埋合适的膨胀管。（图2－25）

（5）上翻门支撑（图2－26）。支撑按其类型分为机械支撑、液压支撑以及气压支撑三种；按其承载力分为轻型和重型两种，其中承载力在45~120N的为轻型，150N以上的为重型。上翻门支撑充分体现了橱柜设计的人性化，在现代生活中广泛应用。

（6）门板闭门器（图2－27）。门板闭门器能有效消除柜门在关闭时发出的噪音，设有门板闭门器的门扇在关闭时能达到理想的静音效果，充分体现了现代橱柜设计以人为本的理念。

（7）防尘条（图2－28、图2－29）。防尘条安装在柜体角落处，防止灰尘进入柜体缝隙，降低用户的劳动强度。

（8）层板托（图2－30）。层板托在柜体式分层的家具中应用较多，尤其是在现代橱柜设计中。层板托在使用时一端固定在墙体或家具的一侧，另外一端与地面平行，用来搁置玻璃层板或者木板，以此来区分柜子的上下空间。层板托不仅易安装、易调节，而且可以牢固地锁定隔板，避免隔板因为受力不均而产生翻落，增加柜体之间的连接强度。

（9）踢脚板（图2－31）。在橱柜设计中踢脚板距离地面最近，由于地面潮湿，踢脚板对于防潮性能的要求一般较高。目前市场上常见的踢脚板材料有PVC、铝合金以及木质等材料。其中PVC与铝

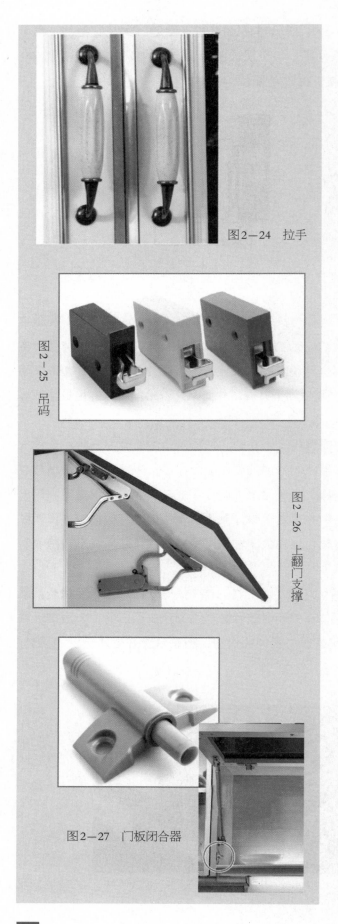

图2－24 拉手

图2－25 吊码

图2－26 上翻门支撑

图2－27 门板闭合器

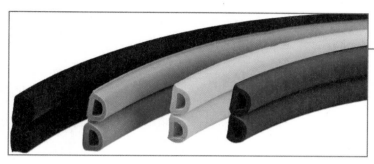

图2—28　防尘条

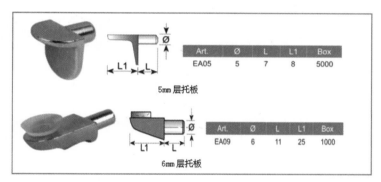

图2—30　层板托

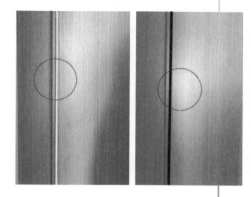

图2—29　防尘条的使用效果

图2—31　踢脚板

合金的耐水性较好，如果采用木质的踢脚板，那必须在和地面接触的部位加上PVC止水条来抗潮。

（10）调整脚（图2-32）。由于厨房环境复杂且地面潮湿，因此需要可以调节高度的调整脚来防止橱柜柜体与地面直接接触。为了起到良好的防水抗潮效果，橱柜的调整脚一般采用防水性较好的ABS工程塑料制作，同时ABS工程塑料具有良好的承重性，能更好地满足人们对于橱柜整体承重性的要求。

（11）压顶线。压顶线主要用于橱柜柜体顶部外沿的收边。压顶线一般有丰富的尺寸与颜色可供选择，通过压顶线修饰后的橱柜更具风格，更整体。

（12）封边条。封边条主要用于封合断面，根据其材质的不同视觉效果也存在较大差异。常见的塑料封边条在使用时会采用封边机以胶合热压的方式与断面结合在一起，从而达到不错的视觉效果。除了常见的塑料封边条，市面上还存在金属等其他不同材质的封边条。不同质地的封边条，视觉效果截然不同。

图2—32　调整脚

2.2 常用的橱柜材料及其特性

我国橱柜行业的生产、销售与消费正在进入飞速发展的春天。随着时间的推移，将会有越来越多的人步入橱柜行业，而橱柜行业所存在的问题也将会愈发暴露。就目前我国橱柜市场来看，人们对于橱柜在制作材料及其配件的环保性上的要求越来越高。在不久的将来，橱柜行业无论是在设计制作还是在销售使用上都将充分展现环保这一概念。

环保橱柜的首要大敌来自甲醛，而在橱柜中甲醛释放量最高的来自于人造板部件以及劣质的胶水。人造板的制作材料是脲醛胶与碎木屑，而甲醛与尿素通过氯化铵的催化会形成游离甲醛，游离甲醛遇到空气会挥发，从而对人体产生伤害。E0（甲醛释放量≤9mg/100g）、E1级（甲醛释放量≤4mg/100g）标准是欧洲关于人造板材中的甲醛释放量来划分的，也是我国对于环保板材的划分标准。在我国不同用途的人造板材对于甲醛释放量的标准也存在差异，比如用于橱柜制作的板材甲醛释放量必须达到E1级。

现如今我国越来越多的橱柜制造商开始重视环保的问题，在制作材料与配件上更多地采用环保型材料。在具体制作时，也给柜体上所有的排钻孔位加装封盖，以此来防止潮气进去加重甲醛的释放，这种做法不仅更环保而且也能美化外观。

2.2.1 柜体材料及其特性

橱柜的主要材料是用于柜体的人造板，也称为基材板。人造板大多以木材或者其他非木材的植物为原料经一定机械加工分离成各种单元材料后，施加或不施加胶黏剂和其他添加剂胶合而成的板材或模压制品。主要包括刨花板、中密度板和细木工板三大类。

1. 刨花板

刨花板是将木材或者非木材的植物通过特殊工艺加工成一定形态的刨花，再加入胶黏剂和辅料，在一定高温作用下压制成板材。刨花板能最大限度地利用木材原料和余料，成本并不高。刨花板分为防潮和不防潮两种，再加上其握钉力及抗弯曲性能好，因此广泛地应用在橱柜市场。

2. 中密度板

中密度板是将经过挑选的木材原料加工成纤维，再加入脲醛树脂以及其他助剂，通过特殊工艺加工成密度为0.5~0.88g/cm³的人造板材。中密度板在握钉力、抗弯曲性能以及硬度上都不及刨花板。

3. 细木工板

细木工板也成为大芯板，是天然木板经过烘干后加工成一定规格的木条，再由拼板机拼接，最后再在拼接成形的木板两面覆盖上单板而成。从环保性来说，细木工板比刨花板、中密度板更具环保性，其天然木材的特性也更符合当今人们的要求。细木工板握钉力好，容易加工，而且不易变形，是制作现代橱柜的好材料。

4. 不锈钢

所谓不锈钢柜体是指采用0.4~1.0mm厚的不锈钢冲压成型的柜体。采用不锈钢材料制作的柜体具有很好的耐酸、耐碱性，且容易清洗，防虫、防火，常用于商业空间。

2.2.2　台面材料及其特性

随着科学技术的发展，现用于橱柜台面的材料也多种多样，常见的有人造石、耐火板、天然石材以及不锈钢等。其中人造石是目前应用最广的台面材料。

1. 人造石台面

所谓人造石台面是指由矿石、色母以及丙烯酸树脂经过高温处理而成的特殊石材。人造石不仅质地细腻、结构紧密、绚丽多彩，而且抗污、耐磨、耐酸，容易清洁。人造石具有天然大理石的坚硬质地和优雅花纹，而且光泽感好，可塑性强，更易造型。

人造石台面按照其工艺方法可分为两种——树脂人造石台面以及纯亚克力人造石台面。树脂人造石台面是以不饱和树脂为主要材料，加上各种辅料浇铸聚合而成，这种类型的材料与亚克力台面相比较容易变形，且耐磨度也不及亚克力台面。亚克力台面是由甲基丙烯酸甲酯（MMA）以及高性能聚合物组成。这种材料具有良好的可塑性，外观优美，抗腐蚀性强，易修复、耐热、耐潮、防蛀且环保。现如今市场上还出现了一种以天然石英为主要原料加工而成的石英石台面。这种台面耐高温，硬度高，且质感好，但不能做到无缝拼接。

2. 耐火板台面

耐火板台面的基材是刨花板，是将原纸（钛粉纸、牛皮纸）经过三聚氰胺与酚醛树脂的浸渍工艺，高温高压而成。耐火板从结构上可分为两种：一种是后挡水与台面联体一次成型，称为"联体型"，早期为国内橱柜生产商大量使用，现已淘汰；另一种是台面本身不带后挡水而需另配铝合金挡水条，称为"组合型"。这种类型在欧美国家广泛使用，其具有很强的耐磨性以及耐高温性，性价比也很高。

3. 天然石材台面

天然石材也属于橱柜台面的传统原料之一。天然石材由于其天然性，往往存在长度有限这一弊端，因此由天然石材制作的台面在转角结合处往往会有较明显的接缝。厨房的环境复杂，天然石材长久在厨房中使用会有油污渗透到石材中，再加上部分天然石材存在些许放射性，所以天然石材台面已慢慢淡出橱柜市场。

4. 不锈钢台面

不锈钢台面在早期是用来制作橱柜台面的好材料，但由于其视觉效果生硬，工业味道浓郁，缺少生活美感而逐渐退出现代厨房。但现如今，新型的不锈钢台面采用了进口不锈钢板材以及引用了新型的加工技术，使得表面生硬的不锈钢材质得到压花和拉丝工艺的处理。这种新型不锈钢材质制作的台面坚硬、清洗方便而且美观实用，广泛受到人们喜爱。（图2-33）

图2-33　带有不锈钢台面的橱柜

2.2.3 门板材料及其特性

1. 实木门板（图 2-34）

实木门板是由天然木材拼接后加工而成。实木门板带有天然树木纹理，充分表现了自然的美感。由实木门板制作的橱柜质感强，多为古典风格。由于实木门板的制作材料为天然木材，因此实木门板甲醛释放量非常低，对人体没有伤害，安全环保。但同时，由于其制作材料的天然性，实木门板带有天然木材不耐潮的弊端。所以，实木木板在加工过程中一定要做好干燥处理，以避免出现裂缝、变形等情况。实木木板对材料以及生产要求较高，因此实木木板价格较高。

图2-34　实木木板橱柜

2. 烤漆门板（图 2-35）

烤漆门板是指将密度板喷漆后再进行干燥工艺处理的油漆门板。烤漆门板的优点是色彩鲜艳，视觉冲击力强，表面光洁易清洗，防水与防潮性能佳；缺点是不能被硬物划伤，一旦划伤后痕迹将无法修复，影响整体效果。烤漆门板制作工艺复杂，往往需要经过六次喷漆，加工周期长，因此烤漆门板的价格也相应较高。

图2-35　烤漆门板橱柜

3. 防火板门板（图 2－36）

防火板门板往往用密度板或刨花板为基材，再以防火板为表面饰材制作而成。防火板耐磨、耐潮、易清洁，而且表面装饰材料丰富且视觉效果好，符合我国橱柜目前讲究美观实用的发展趋势，在橱柜市场上广受欢迎。防火板门板虽然综合优势突出，但其造型上多为平板，在视觉效果上缺少立体感，时尚感不足，比较适合对橱柜外观要求一般，注重实用功能的中、低档装修。

图2—36　防火板门板橱柜

4. PVC 吸塑模压门板（图 2－37）

PVC吸塑模压门板是将已经铣削成型的中密度板用仿真印刷的PVC薄膜包裹制作而成的门板。仿真的PVC薄膜可以印刷成各种花纹，PVC薄膜的好坏决定了该材料质量的高低，质量好的PVC薄膜可以很好地防止基材受潮。PVC吸塑模压门板在造型上不需要另行封边，只需薄膜就可以很好地将基材包裹。因此，PVC吸塑模压门板具有很强的造型力，可以配合门形任意造型。

图2—37　PVC吸塑模压门板橱柜

5. 三聚氰胺 (MFC) 门板

三聚氰胺 (MFC) 门板常用刨花板为基材，再经过三聚氰胺处理的面层覆贴而成。三聚氰胺门板的特征跟复合木地板的特征相似，都具有很强的耐磨性，并且易清洁、耐高温，表面平整，不易变形，因此三聚氰胺门板广泛应用在橱柜行业，特别适合制作经典时尚风格的橱柜。

门板材料除了上述五种外，还有水晶板门板以及竹门板等类型。

测 试 题

一、填空题（请将正确答案填在横线空白处）

1. 橱柜的主体由_____、工作台面、_____组成。

2. 橱柜的配件可分为厨房电器、_____和五金件三大类。

3. 抽屉滑轨的阻尼技术在抽屉距离柜体完全关闭_____mm处开始生效。

4. 我国国内标准规定，吸油烟机在工作时的声音不宜超过_____dB。

5. 现如今，市场上常用的水槽材料为_____和不锈钢两种。

二、判断题（判断下列说法是否正确，若正确请画"√"，错误请画"×"）

1. 橱柜的工作台面可以看作是吊柜的一部分。（   ）

2. 五金件的优势对橱柜的寿命至关重要。（   ）

3. 影响铰链质量的因素有两种：一是耐腐蚀性，二是结构强度。（   ）

4. 根据门板的重量正确排列分配与精确安装铰链也是确保其使用寿命的关键。（   ）

5. 在安装吊码时，最重要的是确定合适的安装位置，可以不必在墙体上预埋合适的膨胀管。（   ）

6. 使用木质的踢脚板时，为了体现木质结构的完美质感，不必在地面接触的部位加上PVC止水条。（   ）

7. 防火板门板在视觉效果上具有很强的立体感。（   ）

三、单项选择题（每题的备选项中，只有 1 个是正确的，请将其代号填在横线空白处）

1. _____是用来悬挂吊柜的专用配件。

    A. 封边条   B. 上翻门支撑   C. 吊码   D. 层板托

2. 吊码实现吊柜与墙体的连接，其承重要求_____公斤以上。

    A. 30   B. 40   C. 50   D. 60

3. _____能有效消除柜门在关闭时发出的噪音。

    A. 防尘条   B. 门板闭门器   C. 压顶线   D. 拍塞孔

4. 调味品拉篮中的分隔器最主要的作用是_____。

    A. 增加负荷   B. 分隔空间   C. 便于高瓶安全取放   D. 美观效果

5. _____材料制作的柜体具有很好的耐酸、耐碱性，且容易清洗，防虫、防火，常用于商业空间。

    A. 不锈钢   B. 中密度板   C. 刨花板   D. 细木工板

四、多项选择题（每题的备选项中，至少 2 个是正确的，请将其代号填在横线空白处）

1. 灶具按其款型可分为_____。

    A. 单眼灶   B. 双眼灶   C. 三眼灶   D. 四眼灶

E．五眼灶

2. 下列可以用作柜体的材料有_____。

A．大理石　　　　B．刨花板　　　　C．不锈钢　　　　D．中密度板

E．细木工板

3. 下列可以用作门板的材料有_____。

A．防火板　　　　B．烤漆板　　　　C．实木　　　　D．PVC吸塑模压板

E．三聚氰胺（MFC）板

4. 下列可以用作台面的材料有_____。

A．不锈钢　　　　B．耐火板　　　　C．天然石　　　　D．人造石

E．钢化玻璃

答　案

一、填空题

1. 吊柜　地柜　2. 柜内功能配件　3. 50　4. 65~68　5. 人造石

二、判断题

1. ×　2. √　3. √　4. √　5. ×　6. ×　7. ×

三、单项选择题

1. C　2. B　3. B　4. C　5. A

四、多项选择题

1. ABCDE　2. BCDE　3. ABCDE　4. ABCD

第3章　橱柜设计基础

橱柜设计的模数化是指按照一定的尺寸规格，合理搭配不同的功能件以及相应设施，使得它们与建筑空间的尺寸相协调，遵循一个共同的界面准则，以及科学的收口原则，从而使空间得到有效利用的方法。

现代厨房通常包括炉灶、水槽和电冰箱三个主要设施。使用者在这三个主要设施上的活动轨迹形成一个三角形，称为"工作三角形"。一般而言，工作三角形的三边之和不宜超过6.7m，并以4.5~6.7m为佳，不足或者超过这个范围都会让人觉得劳累。

橱柜设计的原则是实用性、美观性、安全性、标准性以及精确性。这些原则分别体现在不同的设计风格及设计要求中。好的橱柜设计不仅能让人在使用过程中感受到方便与人性化，还能让人得到美的享受。

本章介绍了橱柜设计的模数化原则以及工作三角形的基本原理，着重讲解了橱柜设计的具体要求及方法，重点分析了橱柜色彩及其造型设计的方法和原则。

3.1　厨房基础知识

好的厨房空间布局及规划不仅能为使用者带来美的视觉享受，还能提高工作效率、节约操作时间。在有限的空间内，利用组合式设计，充分利用小空间，并开发隐蔽空间，巧妙利用角落空间，重视流动空间，从而满足人们多层次的需求，充分改善厨房环境。

3.1.1　厨房环境

1. 建筑基本知识

建筑物是指人们生活、生产及其他活动的场所或房屋，譬如学校、医院、办公楼以及住宅。

建筑物按其使用性质分类可分为：农业建筑、工业建筑以及民用建筑三大类。其中民用建筑可分为公共建筑与居住建筑两类；居住建筑又分为花园住宅、新建住宅、公寓、新式里弄、旧式里弄以及简屋。

建筑物按其建筑楼层或总高度分类，可分为低层建筑、多层建筑、小高层建筑、高层建筑以及超高层建筑五类。低层建筑是指总体高度小于等于10m的建筑，低层居住建筑一般为1~3层。多层建筑是指总体高度大于10m，小于24m的建筑，多层居住建筑一般为4~7层。高层建筑总体高度大于等于24m，小于100m。超高层建筑总体高度大于或等于100m。

在建筑结构上，房屋建筑分为钢结构、钢筋混泥土结构、砖木结构、砖混结构以及其他结构（主要包括木结构、竹结构、竹木结构等）。

随着科技的发展，人们生活水平的提高，我们用于居住的房屋结构也在日趋变化。橱柜设计师要想设计出好的产品，必须紧跟科技发展，对建筑结构的变化有充分的了解。特别是设计师在进行橱柜设计时常常对室内空间进行修改，如果不了解建筑结构，将会非常危险。当建筑结构不同时，其承重系统也会不一样，一般来说工程图上的黑色墙体属于承重墙，起着支撑上部楼层的作用，其意义重大，一旦破坏就会影响整个建筑的结构；而非承重墙并不支撑上部楼层，只是用于间隔房间，在工程图上表现为中空墙体，这类墙体可以按需要改动，并不会影响整个楼层。

虽然各类建筑的结构不同，但就常见的民用建筑而言，其基本结构还是有迹可循的。一般民用建筑可分为6个基本部分组成：基础、墙或柱、楼地面、楼梯、门窗、屋顶。建筑配件和设施一般包括：通风道、烟道、壁橱、垃圾道等，一般按照建筑物具体的功能要求进行设置。要了解建筑的基本知识，首先要理解建筑的基本术语，一些常见的建筑基本术语包括：

（1）开间。开间是指住宅的基本宽度，即墙中线到墙中线之间的距离。

（2）进深。进深是指住宅的实际长度。

（3）中线。中线是指墙体中间的一条线。中线到两面墙表面的距离相等。

（4）层高。层高是指本层地面到上层地面的具体高度，标准层高一般为2.8m。

（5）楼层净高。楼层净高是指本层地面到本层顶的实际高度。一般而言，楼层净高＋楼板厚度＝层高。

（6）动线。动线是指人们进入住宅后，各功能房之间的活动线路。

（7）房型。房型是指房屋结构，即几房几厅几卫几阳台（如三房两厅一卫一阳台）。

（8）一砖墙。一砖墙是指标准砖墙墙体厚度（即240mm，不包括粉刷层与水泥砂浆）。一块标准砖的尺寸为：长240mm，宽115mm，高53mm。

（9）半砖墙。半砖墙的厚度为120mm，不包括粉刷层与水泥砂浆。

（10）单元式高层住宅。单元式高层住宅是指由多个单元住宅组合而成，每单元都设有电梯、楼梯的高层住宅。

（11）塔式高层住宅。塔式高层住宅是指围绕共用的电梯、楼梯而布置多套住房的高层住宅。

（12）通廊式高层住宅。通廊式高层住宅一般都设有共用的电梯、楼梯，可以通过内外廊进入各个住房的高层住宅。

（13）跃层住宅。跃层住宅是指套内空间跨越多层的住宅。

（14）建筑面积。建筑面积是指建筑物外围的平面面积。

（15）建筑容积率。建筑容积率也叫建筑面积毛密度，指的是一个住宅区的地面总建筑面积与所用地面积的比率。

（16）绿化率。绿化率是指规划建筑用地范围内的绿化面积与规划建筑用地面积之比。一个舒适的居住住宅，其绿地率应不低于30%。

2. 建筑模数和厨房部品件的基本关系

所谓橱柜设计模数化是指在厨房中，按照一定的模式尺寸来搭配不同的功能件以及相应的设施，并且使它们与建筑空间的尺寸协调统一，遵循统一的界面标准，使用科学的收口原则，有效使用厨房空间的一种设计方法。

（1）模数协调原则。模数协调的基本原则是实现住宅部品件的互换性以及通用性。在模数设计上，必须遵循模数协调原则，以期全面实现尺寸的配合。模数协调可以确保在住宅建设工程中，功能、经济效益以及质量获得最大优化，从而促进住宅建设从粗放型生产转变到集约型社会化协作上来。

（2）基本模数。根据国际标准ISO 1006规定，建筑模数符号为"M"，建筑基本模数单位为1M（1M = 100mm）。

（3）建筑模数。在住宅建筑中，模数化空间常用空间网格来设置，其中竖向网格采用1M，平面网格采用3M。常见的参数包括（见表3-1）：

表3-1　常见的建筑模数参数表

住宅开间	2100mm，2400mm，2700mm，3000mm，3300mm，3600mm，3900mm，4200mm
住宅进深	3000mm，3300mm，3600mm，3900mm，4200mm，4500mm，4800mm，5100mm，5400mm，5700mm，6000mm
住宅层高	2600mm，2700mm，2800mm

（4）厨房模数以及橱柜、厨房设备模数。厨房的建筑模数也为3M的整数倍，在建筑工业的行业标准《住宅整体厨房》中，考虑到普及性的要求，列出了不同开间以及不同深度的厨房面积系列，同时还对厨房的最小净长与最小净宽作出了要求（见表3-2）。

表3-2　厨房净长、净宽最小尺寸表

厨房的平面形式	最小净长	最小净宽
单排型（Ⅰ型）	3000	1800
L型	2700	1800
双排型（Ⅱ型）	3000	2100
U型	2700	2400

橱柜以及厨房设备的基本模数也为1M。另外，厨房设备允许分模数，分模数的基本形式为1/10M，1/5M，1/2M。其他相关尺寸分别为：10mm，20mm，50mm。

（5）标准单元柜的基本宽度。标准单元柜在宽度上的基本尺寸为：150mm，300mm，400mm，

450mm，500m，600m，800mm，900mm，1000mm，1200mm。

（6）橱柜配套设施与橱柜的基本尺寸关系。橱柜配套设施与橱柜在宽度上的相对应关系为：

① 灶具与相关柜体的关系：600mm，800mm，900mm；

② 水槽与相关柜体的关系：600mm，900mm，1000mm，1200mm；

③ 烤箱与相关柜体的关系：600mm，900mm；

④ 消毒柜与相关柜体的关系：600mm，700mm，800mm；

⑤ 洗碗机的协调尺寸：450mm，600mm；

⑥ 内置冰箱的尺寸：600mm；

⑦ 内置微波炉的尺寸：600mm；

⑧ 吸油烟机的尺寸：600mm，750mm，900mm，1200mm；

⑨ 吸油烟机的尺寸（内置）：600mm，750mm，900mm；

⑩ 五金拉篮的尺寸：150mm，200mm，300mm，450mm，600mm。

（7）厨房、橱柜以及厨房电器的模数配合规范。厨房内净空尺寸应该在符合模数标准的基础上加上10~20mm；每个单独的橱柜在宽度上应在符合模数的标准上减去1mm；在宽度方向上，与橱柜配合的吸油烟机和嵌入式电器的面板应在符合模数标准的基础上减去6~10mm；嵌入式厨房电器与拉篮以及功能件，在宽度方向上应在符合模数的标准上减去橱柜柜体两侧旁板厚度，除此之外还应再减去3~6mm。

（8）厨房电器以及柜内配套功能件的尺寸要求规范。厨房电器以及柜内配套功能件在深度以及高度的尺寸配合上应符合相关国际要求，确保其安全、便利的安装、使用以及检修。厨房在其设计时，必须存在烟道、管道井以及墙柱等相应设施。这些区域必须按照统一的模数要求协调和控制最终收口尺寸，以确保与厨房内部品件的完美配合。

模数化对于橱柜而言至关重要，它意味着标准化、安全化。只有住宅厨房部品件执行统一化的模数收口原则，才能实现住宅厨房部品件工厂化生产、现场组装的要求，才能最终促进我国橱柜行业的发展，提高国际竞争力。

3.1.2 整体厨房与集成厨房的概念

1. 整体厨房

所谓整体厨房是将吸油烟机、灶具、橱柜、消毒柜、电冰箱、洗碗机、微波炉、电烤箱、水槽、各式挂件、拉篮等厨房电器及用具进行系统搭配而成的一种新型厨房形式。其"整体"是指在配置、设计以及施工上的系统化；整体厨房将橱柜、厨房电器以及厨具按照形状、大小等特征进行合理布局，巧妙安排，从而实现厨房用具一体化。整体厨房还可以根据使用者的身高、年龄、色彩偏好以及烹饪习惯来做出针对性设计，从而使厨房空间结构、照明方式更符合人体工程学，使科学与艺术能更和谐统一。整体厨房往往集储藏、清洗、冷冻、烹饪以及上下供排水等功能为一体，这种形式更能体现现代厨房的整体格调和功能档次。

2. 集成厨房

集成厨房是现代厨房中的一支新秀。集成厨房通过优化设计使得原本独立单一的组件变得更具美学、功能学以及文化格调，也使得现代厨房更具合理化与人性化，使人们的厨房生活变成一种享受。与传统的整体厨房相比，集成厨房在其基础上对厨房自动化以及智能化提出了明确的要求，加入了"集成电器"的设计思想，从而使有限的厨房空间能够承载更多的功能。

智能化将会是集成厨房未来的发展方向。一般来说集成厨房必须具备食品加工、油烟处理、垃圾处理、空气调节、自洁、水净化、储存、中央控制等基本功能。比如电饭煲能按照使用者的意愿自动完成量米、淘米、煮饭等一系列动作；吸油烟机不仅可以排出油烟，还能自动净化油烟；灶具能自动点火加热食物，并按照食谱自动烹饪，完成后自动熄火。在不远的将来，相信我们的厨房会更加网络化、智能化。

3.1.3　厨房的分类

现如今厨房可以分为两大类：封闭型与开放型，同时在此基础上厨房也分为K型独立式厨房、DK型餐室式厨房以及LDK型起居式厨房（K即烹饪，DK即用餐与烹饪，LDK即起居、用餐及烹饪）。

1. K型独立式厨房

K型独立式厨房是把烹饪放在首位考虑的高度专业空间，K型独立式厨房与起居室、餐厅分隔开。这种类型的厨房有三种基本形式：

（1）标准型。标准型的就餐空间与厨房之间用墙体分隔开来，把洗涤、做饭、做菜以及储藏等功能集中在一室。标准型厨房是日常生活中最常见的厨房类型。

（2）食品储藏型。食品储藏型将食品储藏与饭前准备作为一个独立的空间与厨房分开。

（3）柜台隔断型。柜台隔断型将就餐空间与厨房用低矮的柜台隔开。这种类型使厨房向餐厅传菜变得非常方便，使内外空间成为一体。除此之外，柜台还可以用于简单储藏。

2. DK型餐室式厨房

餐室式厨房是将做饭与就餐团聚作为重点展现的形式，其主要分为以下五种布置形式：

（1）标准型。这种形式最常见，它将做饭与就餐集中于一个空间，一般会在厨房设有餐桌。

（2）柜台餐桌型。柜台餐桌型在厨房空间中会用柜台把厨房与餐桌连接起来，从而构成一个整体空间。

（3）快餐桌型。快餐桌型在厨房会设有餐桌及快餐柜台，以此方便就餐。

（4）对面作业型（也称为"半岛"）。对面作业型把水槽对着餐桌设计，这样使用者可以一边洗菜一般与餐桌上的客人交谈，是一种比较亲和的形式。

（5）对话备餐型（也称为"岛形"）。对话备餐型将餐桌与操作台集中在一起设计成岛形，使用者可以一边就餐一边与人交谈。

3. LDK型起居式厨房

所谓起居式厨房是将厨房、就餐以及起居组织设计在一起，使其成为一家人交流的整体空间。此类型主要包括以下三种方式：

（1）一间型。一间型将做饭、吃饭以及起居三种不同功能的空间集中在一体，相互间用家具隔开。这种类型不仅使用者方便，而且经济适用。

（2）家庭空间型。家庭空间型最大的特点是集就餐、休息以及做饭于一体，使用柜台将厨房与就餐、起居隔开。这种类型的设计使用便利，带有日式传统的共室特点。

（3）半封闭型。半封闭型在设计上将厨房与就餐、起居空间相邻，但又分隔开，从起居处看不到厨房，从而构成半封闭型。

3.2 厨房设计基础知识

3.2.1 厨房工作三角区

国外研究机构对人在厨房中的操作行为作出分析研究得知，从人的行为轨迹规律可得知配餐台与冰箱之间、灶台与调理台之间以及备餐台与调料杂品之间的关系十分密切。研究表明，一个好的设计可以使使用者在一次三餐的操作中节省60%的行程时间以及27%的操作时间，从而很大程度上提高劳动效率。据美国某研究小组表明，操作者在厨房洗涤槽、炉灶以及冰箱之间来往最为繁密，以此三个主要厨房设备形成的三角形称之为"工作三角形"（也称为省时、省力三角形）。如图3-1所示，其三边之和应该在3600~6600mm，过长

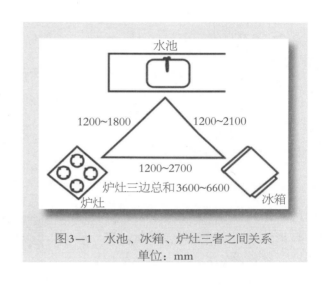

图3-1　水池、冰箱、炉灶三者之间关系
单位：mm

会让人觉得疲惫，过短则会让人过于拥挤。研究表明，水槽、冰箱以及灶台三者之间最理性的距离为1200~1800mm，即为成年人两臂张开的范围。不管厨房面积是否相同，只要三大主要设备的布置区位不同，其工作三角形就会有所区别，相应的距离也会不同。美国曾经对比较有代表性的厨房布置方案（即走廊式、L型、U型）的厨房动线进行研究。研究表明，在这三种厨房中完成相同的任务时，以走廊式所需时间及路程为1；在L型厨房中，总时间可缩短至64%，总路线缩短63%；在U型厨房中，总时间可缩短至40%，总路线缩短58%。一般而言，布局合理的厨房与其他厨房相比在劳动强度及时间消耗上要降低三分之一左右。

一般来说，水槽到炉灶台之间的路程来往最频繁，所以缩短这段距离可以有效提高厨房的工作时间。除此之外，围绕厨房设备的每一个工作面与储藏柜都应因地制宜地根据实际情况放置。比如，水槽与电冰箱之间的空间应该作为调制食品区域，所以鸡蛋、面粉、牛奶、黄油、糖以及调味品等都应贮藏到此区域；而相关用具，比如量杯、量勺、搅拌器等也应放在贮藏柜里。灶台附近应该有足够的柜台用来布置碗、碟、铲、盘等用具，以此来形成一个服务中心；而靠近水槽的地方，则形成了一个用于食物清洁的准备中心。在此区域，需要贮藏刀、削皮器、蔬菜箱以及刷子等工具。

不同类型的厨房，其布置方法会有所不同，相应的也会产生不同的"工作三角形"站位法则。所以，厨房设计中寻求由水槽、冰箱以及炉灶所形成的工作三角形尤为重要。根据工作三角形以及厨房作业动线来调整设计，会使厨房变得既美观又实用。（图3-2）

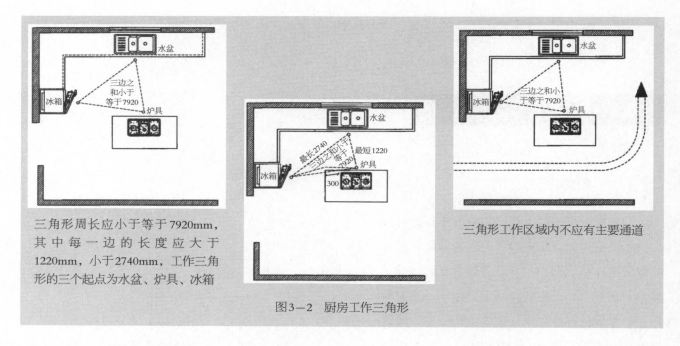

三角形周长应小于等于7920mm，其中每一边的长度应大于1220mm，小于2740mm，工作三角形的三个起点为水盆、炉具、冰箱

图3—2　厨房工作三角形

三角形工作区域内不应有主要通道

3.2.2　厨房的布置形式

1. 常规厨房的平面布置形式

厨房的布置形式常以其面积大小、长宽规格、过道位置、形状以及与餐厅、客厅的间隔形式、操作者的客观要求等为依据。按其橱柜操作台面的平面形式划分，大致可分为以下五大类别：

（1）单列型（图3－3）。单列型也称为"一字型"，即是将所有的工作区集中安排在一面墙上。单列型动线简单，是比较利用空间的经济性手段，通常在不能实施L型设计或者平行式设计的情况下采用。

适用的空间类型：

单列型厨房多用于面积约7m²的厨房，这种类型的厨房空间狭小独立。适合小家庭

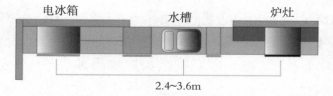

图3—3　单列型厨房

或单身贵族，这类家庭人口少，烹饪简单，对于收纳空间的需求也不大；而且这类家庭厨房设备往往也较简单，因此适合单列型厨房。虽然单列型厨房设计时要求结构简单，但也必须保证所有通道的通畅。单列型厨房常与餐室统一设计，在布置与使用上也尽量一致，常利用推拉门等与其他空间分隔开来或设计成敞开式厨房。

布局特点：

① 结构相应简单，动线规划单纯。单列型厨房的设计优点在于所有的工作就在一条直线上完成，这样既节约空间也节约经济费用。在设计单列型厨房时其工作台面不宜过长，否则会降低工作效率。总而

言之，单列型厨房布局与其他类型的厨房相比往返距离最长。

② 水池位于中间，冰箱和炉灶分布在两侧。单列型厨房的工作流程大多在一条直线上执行，如此水池、冰箱以及炉灶之间难免会相互干扰，特别是在多人操作时。因此，在单列型厨房设计中三点间的科学站位显得尤为重要，也是保证厨房工作顺利进行的关键所在。单列型厨房在设计时，电冰箱与炉灶之间最佳距离应该控制在2.4~3.6m。距离过短，操作台与储藏空间会显得狭窄；距离过长，则会增加厨房工作往返的时间，容易让人疲劳从而降低工作效率。

③ 单列型厨房的理想动线。单列型厨房的理想动线设计为：电冰箱→工作台→洗涤区→处理区→烹饪区→备餐区。如果厨房摆不下电冰箱，则应当把电冰箱安排在离洗涤区近为宜，譬如靠近厨房门口等。

（2）双边二字型（图3-4）。双边二字型也称为"Ⅱ字型"或走廊式、并列式。这种类型的厨房在开间宽度上与单列型厨房相比要宽不少（最少不低于2m）。

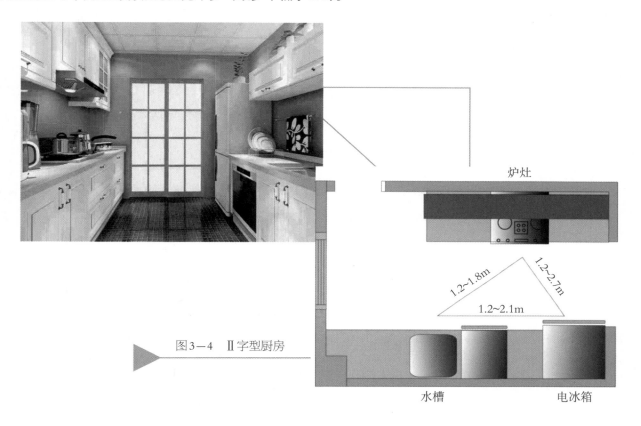

图3-4　Ⅱ字型厨房

炉灶

1.2~1.8m　1.2~2.7m

1.2~2.1m

水槽　　　电冰箱

适用的空间类型：

Ⅱ字型厨房适合于面积小，相对独立的空间，可在相对的两个墙面上分别放置一排厨具，将灶具与洗涤、处理区域位于两个相对的平台。

布局特点：

① Ⅱ字型厨房可以把锅碗瓢盆这类物品的储存区设置于一边，而将烹饪与洗涤工作区域设置到另一边。Ⅱ字型厨房利用侧墙将储存、洗涤以及烹饪区隔开，使它们相对布置。除此之外，相对展开的距离还不应小于500~1000mm，不然通道将会太窄，使用者难以施展。Ⅱ字型的厨房一般可以容纳多人同时操作使用，但分开的两个工作区也会给操作者带来不便。

② Ⅱ字型厨房往往可以形成一个非常有效的"工作三角形"，此工作三角形将水池与电冰箱组合在

一起，又将炉灶设置在相对的墙上。一般而言，水池与炉灶之间来往是最频繁的，其距离在1.2~1.8m最为合适；电冰箱和炉灶之间的净宽应在1.2~1.7m，而电冰箱与水池之间的距离应该在1.2~2.1m。Ⅱ字型厨房空间净宽应大于2.1m，最佳宽度在2.2~2.41m，通道应间隔0.9~1.2m，以此确保当两人同时在厨房操作时不会造成拥挤。

③ Ⅱ字型厨房储藏空间比单列型厨房大，并且Ⅱ字型厨房可以重复利用厨房过道空间，从而提高了空间的使用效率，但同时在操作上不太方便，操作者需要经常转动。

（3）L型布局（图3-5）。工作区域从墙角双向展开成"L"形的厨房称为L型布局厨房。此类型厨房布局最节省空间，相应地也比较经济，是"小空间，大厨房"的代表作。L型布局厨房也被称为"三角形厨房"，在设计此类厨房时要避免L形的一边过长，以避免降低工作效率。

L型厨房空间适应性最强，无论是小面积、方型或者窄型格局的空间，独立封闭空间或者餐厅与厨房连接的开放性空间都适用。由此可见，L型厨房灵活性强，面积大小均可。此类型的厨房如果有较大空间，空出的区域可以用来放置餐桌。

布局特点：

① 三边可用来放置水槽、电冰箱以及炉灶；由于橱柜存在两个拐角，因此要对这类空间充分利用就必须应用转角柜。目前市面上转角柜样式多样，使用者可以根据自己的需要购买180度、270度、360度或者抽拉式的各样转角柜进行配置。

② L型厨房最大的优点是能充分利用有效空间，提高操作的效率。

③ 此类型厨房的橱柜储藏空间大，不仅可以方便使用，而且在一定程度上也节省了空间。

④ L型厨房布置方式动线短，属于效率高的厨房设计。为了保证"工作三角区"在有效范围内，L型最长一边应在2.8m左右，最短一边的长度不宜小于1.7m，水槽与炉灶之间的距离应在1.2~2.1m。除此之外，还应满足人体的基本活动要求，水槽与转角处应留出30cm作为活动空间，以配合使用者在操作上的需要。

⑤ L型厨房的平面布局、吊柜、灶台、水槽等设施布置紧凑，视觉变化强，操作者在其中活动相对较集中，移动距离短，操作灵活方便。为了保证工作效率，在设计此类厨房时要避免L形的一边过长（不宜超过2.8m）。

⑥ 工作动线的合理安排是将L形厨房工作效率最大化的首要条件。最适当的工作动线是按照使用者的烹饪习惯将设备沿着L形的两条轴线依序摆放。具体来说即是将电冰箱、洗涤区以及处理区安排在同一轴线上；再将烤箱、炉具以及微波炉放在另一轴线上，使彼此之前的距离相隔60~90cm，以此形成一个完美的工作三角形。

（4）U型（图3-6）。依墙布置成U形的厨房类型称之为U型厨房，此类型比较适合较大面积的厨房使用。U型分为一体式U型和分开式U型两种类型。一体式U型存在两个转角，分开式U型只有一个转角。从动线设计上来看，U型的动线最短。

适用的空间类型：

此类型厨房要求房型基本呈正方形，开间必须达到2.2m以上。U型厨房在形态上可以说是L型厨房的延伸。一般的做法是在L型厨房上再增加一个台面，或者一整面墙的高柜，用于收纳更多厨房电器或者物品。由于此类型的厨房往往需要三个相邻墙面，且占用空间大，因此U型厨房适合面积较大、格局方

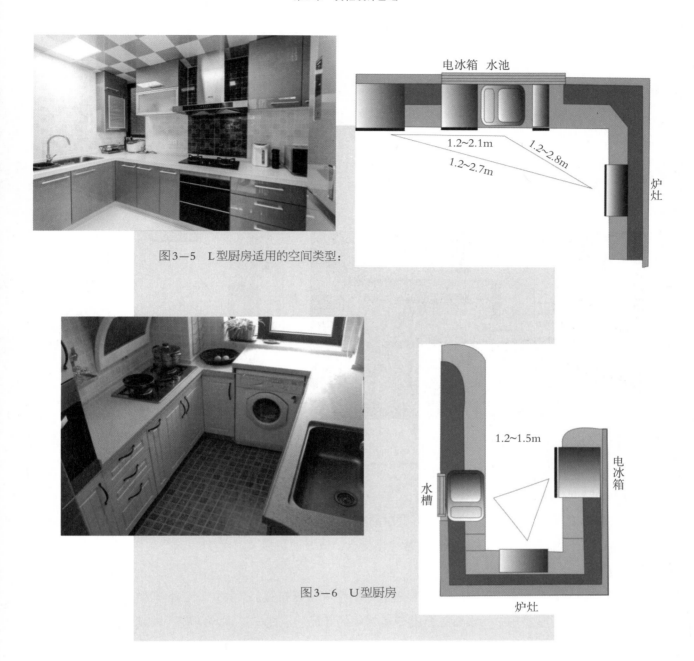

图3—5 L型厨房适用的空间类型：

图3—6 U型厨房

正，且面积不少于13m²的独立空间。空间过小不仅会影响工作效率，还会形成压迫感。

布局特点：

① U型厨房工作区域内一般存在两个转角，在功用上与L型厨房大致相同，但对于空间的需求更大。水槽放置的位置最好是在U型底部，并将烹饪区域与配餐区域分别设在两旁，使得水槽、电冰箱以及炊具连成一个正三角形。U型之间的距离应把握在120~150cm，使三角形总和与总长在有效范围内，此设计可加大收藏空间。

② U型配置时，工作线可以与其他空间的交通线不受干扰，完全分开。这种设计构成的三角形最为省时省力。如今大多数厨房都是长方形，长的一面为墙，短的两面为门、窗。一般来说，有门的那一面难以排列橱柜，因此有窗的那面则封闭起来为U形。

③ U型厨房的布局常将厨房的三面墙都布置橱柜，这种布置方式空间利用充分，操作面长，储藏空

间充裕，设计布置也灵活合理，可以说集中了Ⅱ字型与L型的优点。

④ U型厨房如果在规划上合理安排，动线设计简洁方便，操作者工作起来将会非常得心应手。此类型的厨房设计建议两边的长度以2.7m为宜，短边的长度即两长边的间隔应以90~120cm为宜。

（5）岛型（图3-7）。岛型即在厨房中间摆设一个独立的工作台或料理台，家人与朋友可以在料理台上共同准备餐点或交谈。

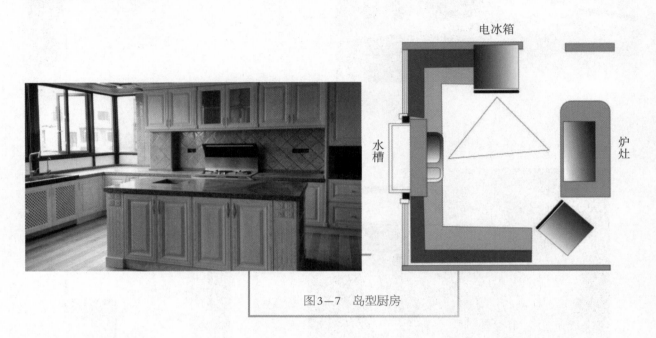

电冰箱

水槽

炉灶

图3-7　岛型厨房

适用的空间类型：

岛型适合空间面积较大的厨房，一般要求面积在15m²以上。此类型在别墅厨房设计中比较常见。岛型厨房与L型厨房相比多出了一个料理台面或便餐台，以方便更多人同时使用。

布局特点：

① 岛式布局也称为点式布局。此布局形式是在中央位置布置部分设施，因此需要较大空间。此类型也可结合其他布局形式在中间设置餐桌并兼有烤箱的布局，以此将烹调与备餐区域设计在一个独立的台面，这样人们可以从多个角度进行操作或进餐，是一种较新颖并且实用的设计方案。

② 此类布置方式更适合多人参与的厨房工作，更能营造活跃的厨房氛围，以此增近家人间的感情交流。虽然每个家庭对于"岛"内的具体设置不同，但仍要遵循一定的设计原则。无论是与餐桌相连的岛，还是单独操作的岛，其边长都不宜超过2.7m，橱柜与岛之间的间隔至少需要0.9m。

2. 异形空间厨房的布置

现代厨房的大多数配置都形状规则，例如水槽、灶具等厨房电器都为规则的矩形，但若遇到厨房为异形则不仅容易形成角落空间，造成对空间的浪费；而且还会因为施工的规模化、标准化程度的降低而提高资金投入。毫无疑问，对于橱柜设计师来说，异形厨房的设计难度明显高于普通厨房。

如图3-8所示，图中的异形厨房不仅造型特殊而且还带有落地窗，许多墨守成规的设计师对于这种异形厨房无从下手，不知该如何面对这样的空间，本例中设计师巧妙地避免了种种缺点，把落地窗的效果发挥到了极致。

图3-8 异形厨房的布置形式

3.2.3 厨房设计

1. 设计原则

厨房设计的原则主要包括五点：标准性、实用性、安全性、精确性以及美观性。

标准性主要体现在橱柜设计的模数化以及各厨房电器、柜体尺寸的标准化上。

实用性主要体现在符合人体工程学和工作三角形原理，以及柜体各部品件的合理摆放，各种功能配件的恰当使用等方面。譬如，抽屉不宜设计在柜子角落，厨房门与冰箱门在开启时不应相冲突。

安全性主要体现在环保耐用的制作材料以及科学合理的工况设计上。譬如炉灶应避免接近窗口，以免风吹熄灶火而引起煤气泄漏；电冰箱存放的位置不宜与水池太近，以避免水池在使用时有水花溅出而导致冰箱漏电等。

精确性主要体现在橱柜设计的测量、制图以及安装上。一般而言，橱柜设计师会根据具体测量的尺寸来绘制样图，再在工厂加工制作。一旦测量尺寸存在失误，那将无法正常安装，最终企业和消费者都将蒙受损失。

美观性主要体现在橱柜的造型和色彩上，橱柜的造型和色彩需按照消费者的喜好以及设计的主要风格来决定。不同消费者存在不同的消费喜好，例如年长的消费者大多比较喜爱古典式的设计，色彩偏好沉稳、厚实的深色调。

2. 工况设计

从家居生活的使用频率以及危险系数上来说，厨房位居榜首。在厨房人们发生意外损伤（譬如烫伤、刀伤等）的几率非常高。造成这些损伤的原因不仅仅由于操作者的疏忽，也与厨房工况设计的不合理有关系。

在厨房设计中，由于厨房用具、电器设备的功能与种类不同，因此往往需要相对应的隐蔽工程设计来配合。所谓隐蔽工程是指在前期施工时对所投入的使用设备进行定位及布线。隐蔽工程在厨房设计中至关重要，其设计的完善与否直接影响厨房的整体空间以及使用者在操作过程中是否便利。因此，隐蔽空间的设计是不可忽视的重要部分。

一般而言，想要营造安全便利的厨房环境，需要从厨房的这几个方面入手：

（1）安全设计

① 防撞。厨房吊柜的高度以及吊架的挂设高度，甚至厨房中各式悬挂物的尺寸都应根据操作者的身高来具体设计，吊柜的宽度应当比工作台面要小，以避免操作者在实际使用中由于身体的活动而出现撞头情况。吸油烟机的高度也应按照操作者的身高为具体参照，由于吸油烟机带有一定厚度，因此最好能比使用者的头部高一点，以此避免撞伤。

② 防烫。灶台最好的设计方位是在台面中央，须保证灶台旁留有足够的工作台面，以此来放置从炉上取下的食物，从而避免烫伤。

③ 防划。为了防止划伤，厨房的台面、橱柜边角以及把手都需稍带弧线装饰，不宜过于尖锐。

④ 防电。现如今厨房电器不断增加，这使得厨房中的电器安全显得尤为重要。另外，在处理内置式的家电时，应提在尺寸上留有余地，以便电器出现故障时易于移动修理。冰箱在位置摆放上不宜离灶台过近，因为灶台会产生热量，从而影响冰箱的制冷效果。同时，冰箱存放的位置也不宜与水池太近，以避免水池在使用时有水花溅出而导致冰箱漏电。备用插座的位置应当考虑充分，以避免电线横陈的危险。水槽、电炉或其他炉灶旁不宜铺设电线，同时均需安装漏电保护装置。

⑤ 防水。由于厨房环境复杂，容易积水，因此所有用于厨房表面装饰的材料都需具有良好的防水抗潮性。用于地面及操作台面的材料应不渗水、漏水。不仅如此，为了避免操作者滑倒，用于厨房地面的材料还需具有良好的防滑性。用于天花板的材料也应耐水、易擦洗。

⑥ 防火。火是厨房必不可少的危险元素，因此厨房所使用的表面材料必须满足一定的防火要求，特别是炉灶周围要注意材料的阻燃性能。

（2）供排气设计

① 供气设计。设有阳台的厨房，煤气开关一般设在阳台开门或开窗举手可及处为宜。这样不仅可以使用方便，而且还保证了安全。从煤气表位将煤气管引至厨房内的炉灶处即可，但在设计时需注意尽量不要增加煤气管的长度，应采用就近设置炉灶的原则，从而使柜体的结构和储藏功能得到合理安排。如果想增加视觉美观效果，可以将煤气开关设计在炉灶下方的橱柜里，使开关尽量靠近开门的位置。

② 排气设计。厨房环境复杂，在烹饪的途中会产生大量废弃及有害气体。解决此问题的方法是保持厨房的通风。除了依靠自然风之外，还可以依靠如排气扇、吸油烟机一类的排气设备。排气扇虽然结构简单，价格便宜，但却很难达到良好的排烟效果。而在炉灶上方安装吸油烟机，就能良好地解决排烟问题。

吸油烟机的排烟口设计一般都大于15cm，尺寸过小将无法取得良好的排烟效果。除此之外，吸油烟机的风管不仅要保证其通畅，也不能影响吊柜的结构和储藏功能。

如图3-9所示，吸油烟机的烟管不应在柜体内横穿，应从吸油烟机排烟口上升至吊顶内再横向行至排烟口。如果没有吊顶而必须在体内横穿的，必须减少烟管的弯曲，以此减少排烟时的阻力与积油，并使吸油烟机尽量靠近风口。

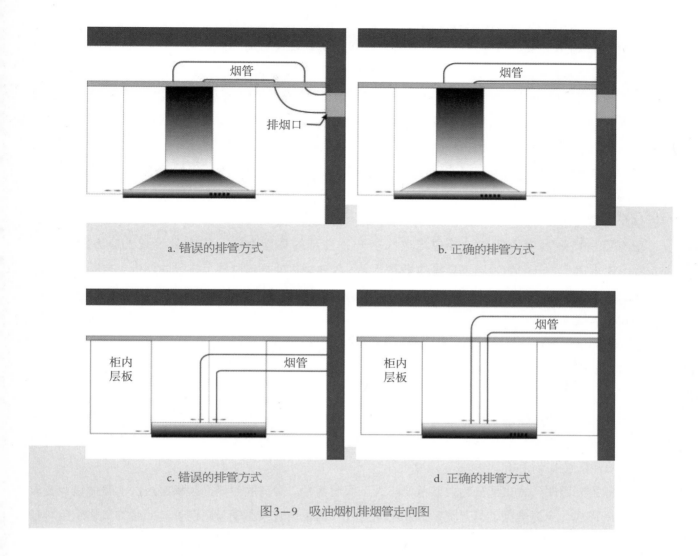

图3—9　吸油烟机排烟管走向图

另外，进行厨房排气设计时还应当注意以下问题：

A. 当厨房吸油烟机的烟管通过外墙之间排到室外时，应当在室外排气口设置避风装置以及防止油烟污染环境的构件。当吸油烟机的烟管排至竖向通风道时，竖向通风道的断面应当根据其担负的排气量来计算确定，应当保证支管无泄漏、竖井、无回流。

B. 在严寒地区以及夏热冬冷地区的厨房，不仅需要设置排气机械，而且还应当设置供房间全面排气的自然通风设备。

C. 安装热水器的厨房应当预先留有安装位置以及用于排气的孔洞。

D. 燃气热水器的排气管不能与吸油烟机的排气管一并接入同一管道；应当单独接出室外，其给排气技术条件应符合现行国家标准GB 16914—2003《燃气燃烧器具安全技术条件》的相关规定。

（3）给排水设计

① 给水。水龙头分为台式和壁式两种类型，壁式水龙头给水高度以1050~1100mm为宜，若空间较大或较小可适当调整。台式水龙头需要注意水槽是单槽还是双槽，两者位置稍有不同。龙头高度以500~550mm为标准，太高则会不方便安装与检修。冷热水管的距离以100~150mm为佳，中心管距依照橱柜长短有所不同。由于厨房的给水通常采用暗设管道，因此选用防腐性强的给水管材料为宜。倘若给水采

用明设管道时，管子中心距地面距离不宜大于80mm，距墙面距离也不宜大于80mm。

② 排水。厨房一般地面排水的情况居多，排水口最好设计在离墙面300mm为宜；如果采用墙排水，最好设计在距离地面300mm处为宜。无论是墙排还是地排，排水位置都应该设计在水龙头下方。厨房排水管道通常采用PVC管材、管件，如果出现需要加长管道的情况时一定要避免出现"S"状，且端部需留有大于等于60mm长的直管。水槽柜的水槽设置，水槽外缘至墙面距离大于等于70mm，水槽侧外缘到给水主管距离应当大于等于50mm为宜。另外，水槽必须配置落水滤器以及水封装置；与排水主管相连时，应优先采用硬管相连接，并保证其坡度；当受到条件限制时，可以采用波纹软管，软管与水平夹角应当大于30度。

（4）电源设计

所有厨房电器的电源插座，都应当选择有开关控制的插座为佳。在高度设置上应当距离地面1200mm左右为宜，一般依照厨房具体的格局而定。吸油烟机的插座原则上在吸油烟机上方即可，但避免在风管所走位置的后方。厨房电器用导线应当采用带塑封的铜线，其截面不宜小于2.5mm²。

厨房应当提供数量充足且位置合适的220V、10A防溅水型单相三线以及单相双线的电器插座组，应有独立可靠的接地保护，插座距离地面高度以1200mm为佳。

厨房电源插座应当设置单独回路，并且设有漏电保护装置。

3. 采光、照明与通风设计

现代厨房照明不仅要求实用，也要讲究美观。美观的厨房照明不但可以给人以良好的整洁感，还能让人赏心悦目。虽然现代厨房照明讲究美观，但其设计的重点还是以实用为先。厨房照明要保证使用者在操作过程中不会切到手指。

厨房的采光照明方式主要分为自然照明与人工照明两种。厨房的照明必须根据厨房的整体设计要求来确定布局形式、光源类型、灯具类型以及配光方式；其设计效果必须与厨房整体的装饰风格、色彩基调、橱柜设计、配饰搭配风格一致。

（1）采光设计

厨房空间存在自然光从心理上会给人增加舒适感。由于厨房的外窗在设计上需要占据一定长度的外墙，因此给我国住宅的户型设计带来了很大程度的影响，减少了多样性与灵活性。我国住宅设计规范中明文规定厨房的窗地面积之比为1∶7，由于厨房的面积一般不大，因此多数窗的面积都能符合规范。但倘若厨房带有服务阳台时，厨房实际为间接采光，由于阳台的深度会对其采光量有所影响，我国规定"当采光口上方有深度大于1m以上的外廊或阳台等遮挡物时，其有效面积可按照采光面积的百分之七十计算"，因此当厨房设有服务阳台时，开窗应该尽可能大些。除此之外，厨房的开窗还受到橱柜、烟道以及管井的影响。一般来说，厨房的外墙应该保证至少一边留有350mm以上的墙垛，以便用于布置吊柜等。厨房空间的采光还应该注意厨房在住宅平面中的位置对采光所产生的影响，不少高层住宅的厨房位于建筑外轮廓的深缝中，因此采光较差，特别是处于低楼层的厨房，其仅能保证通风的需要，采光往往不足。

不仅如此，厨房外窗的开窗形式对厨房的采光以及厨房内部空间的利用也存在较大影响。现代厨房的开窗形式主要分为平开窗、凸窗、门连窗以及天窗四种。平开窗在制作以及使用上非常方便；凸窗的台面可以用来放置物品，下部空间可以用作储藏；门连窗主要用于与阳台相连；天窗可以设计在位于顶层的厨房，其采光量往往是平窗的三倍，但存在夏季暴晒的问题，可以采用布篷或者百叶等遮阳措施加以改善。除此之外，窗户的开启方式也同样重要，例如厨房重油烟，窗户容易沾染油污，因此需要考虑窗户的开启方式是否有利于擦拭窗户；在处理凸窗时其窗台不宜过深，以用来避免因操作者够不到而无法打开窗户；当水槽位于窗前时往往给人以明亮感，也会使操作者心情愉快，但水龙头的设置需要一定高度，因此会引起向内开窗的不便，应该采用推拉窗较为合适。

（2）照明设计

灯光编排主要分为直接与间接两种。直接灯光是指那些直射式的光线，譬如射灯、吊灯等，此类光线直接散落在指定位置，常用作照明或突出主题。间接灯光是指光线不直射地面，而是被置于天花背后、壁凹或者壁面铺饰的背后，主要用来营造不同的意境。只有当直接灯光与间接灯光搭配起来合理使用时，才能营造出完美的空间意境。

厨房灯光常被分为整体照明（整个厨房的照明）以及局部照明（洗涤、准备以及操作的照明）两种层次（图3-10）。换句话说，现代厨房灯光设计一般采用主体照明以及功能区域辅助光源相结合的方法。主体照明将日光灯置于棚顶，这样的照明方式符合自然光照的规律，使得照明物体轮廓清晰，照明环境整洁明朗。根据中国住宅在照明方面的相关规定：厨房的整体照明度应该为50~100lx，灯具应该采用扩散型灯具，一般设在顶棚或者墙壁的高处为宜。除此之外，灯具的外形应该简洁，应使用不宜沾油污的吸顶灯或嵌入式筒灯，而不宜使用易沾油污的伞罩灯具。功能区辅助光源的设置主要用于方便厨房的操作，以补充主体照明的不足，其位置一般设置在炉灶上方，以便于操作者观察食物的颜色（为了避免产生眩光，切勿使灯体暴露），或者设置在准备区、洗涤区。厨房主体照明与辅助光源的混合应用可最大限度消除厨房内部的多余投影，使光影效果更佳。

图3-10 整体照明与局部照明参考图

（3）灯具选择

① 光源选择

用于厨房整体照明的光源采用白炽灯类暖光源为宜，此类光源发出的暖光能正确反映食物的颜色；而用于水槽以及操作台等上方的局部照明应该采用荧光类的冷光源为宜，此类光源发光效率高而散发出的热量小，因此可避免操作者在近距离使用时而产生的灼热感。除此之外，老年人对于光线的要求较高，所需要的照明度为一般年轻人的三倍以上，所以当操作者为老年人时，厨房空间的照度应该有所提高。厨房空间整体照明灯具的开关一般设置在厨房门旁的墙壁上，距离地面一般为1400mm左右，而局部照明灯具一般自带开关。

为了更好地提高厨房的照明度，可以根据不同用途有针对性地选择灯具。工作台上和吊柜下的照明最好使用日光灯。表3-3给出了厨房照明的最佳照度值。

表3-3 厨房照明度最佳照度值

照明光度的标准	光度/lx	照明光度的标准	光度/lx
厨房一般	200	烹饪	200
洗涤	300	就餐	200

② 灯具选择

厨房灯具的设置布局不仅对人们的视力健康、活动安全以及工作效率有直接的影响，而且对整个厨房的环境氛围以及人的精神情绪都有直接联系。因此，在选择厨房灯具时，不仅需要满足人们的心理需求，还要有足够的照度以保证使用者的舒适感。与此同时，厨房光线的对比度也需适中。

从安全用电以及清洁卫生的角度出发来设计安排厨房灯具是十分有必要的。为了避免油烟水汽对灯具造成直接影响，在安装灯具时应该尽可能地远离灶台。在造型上也应该尽量选择造型简洁的灯具，以便于后期的擦拭清洁工作。灯具底座要选择瓷质的并采用安全插座为宜。开关应采用内部为铜质，且密封性良好，带有防潮、防锈效果的开关。

表3-4 厨房照明灯具选择表

名 称	特 性	作用及安装位置
吸顶灯	直接安装在天花板上，没有空间压迫感，造型简单	以提供照明亮度为主，安装在厨房天花板中央
照明层板灯	透明玻璃照明层板，提供间接照明，灯光柔和	可以直接在层板上摆设餐具、酒杯等，既可以当层板，又能起到照明效果
隐蔽式琉璃天花	将日光灯隐藏在天花板夹层里，当光线从棉纸玻璃、白膜玻璃或者喷砂玻璃穿透时，可以达到照明效果	以提供照明亮度为主，安装在厨房天花板中央
嵌灯	嵌装在天花板内部的隐藏式灯具，不占空间，属于直射光源，可以凝聚焦点	可作主灯或辅助照明用，大型独立筒嵌等多嵌装在天花板上，小型嵌灯则嵌装在收纳柜里或吊柜下面

（4）灯具摆设

当利用照明灯光来美化厨房空间效果时，不仅需要主要气氛的营造，还应注意光源的摆设位置，以此才能确保厨房照明不仅健康而且经济安全。在进行厨房灯具摆设时需注意以下几个方面：

① 背光。由于背光时容易形成阴影笼罩，从而阻碍光线的充分照明，为避免此类情况发生，厨房光源应当来自所处位置的前方。

② 眩光。眩光是指灯光直射光滑表面时所反射过来的炫目光线。由于现代住宅橱柜装修中越来越多的家庭使用玻璃类的材质，此类材质质地光滑，直射反光后会对眼睛产生负担，因此必须给光源加上灯罩，以避免眼睛的不适。

③ 灯泡外露。倘若灯泡直接外露会对眼睛产生刺激，因此在选择灯罩时，必须留意是否能将灯泡完全包裹，以此来避免裸露的灯泡对人眼所产生的刺激。

④ 瓦数限制。使用灯具时，应当注意其所标明的可使用灯泡的最大瓦数。在面对瓦数较高的灯具时，为了保证足够的安全，最好对其单独使用插座。

⑤ 颜色。墙壁色调的深浅，对居家灯光的实用性有着至关重要的影响。当墙面颜色较深时，墙面对光线的吸收会大于反射，因此空间明度会所有降低。正因如此，在处理深色调墙面的环境时，应适量增加灯光的瓦数。

厨房人工照明的照度应当在200lx左右，除了安装散射光的吸顶灯与吊灯外，还应当按照厨房家具与灶台的安排布局，选择局部照明用的壁灯与用于工作面照明的吊灯，并选择安装带有工作灯的吸油烟机，储物柜也可安装用作柜内照明的柜内照明灯，以使得厨房内操作所涉及的工作面、备餐台、洗涤台以及各角落都能有足够的光线。

现如今，灯具市场上可供选择的厨房用灯种类繁多，人们可以根据自身的喜好与住宅的整体设计风格来选择布局，营造良好的厨房灯光效果。

（5）通风设计

厨房面积一般不大，因此保持良好的通风环境是保证厨房良好卫生环境的重要条件之一。厨房环境复杂，操作者在烹饪过程中会产生大量油烟与蒸汽，这不仅会腐蚀厨房家电还会对人体有害。经调查研究表明，烹饪一小时，厨房内所产生的有害物质含量会增高二十倍。由此可见，良好的通风环境对于厨房来说至关重要。为了提高厨房的通风效果，具有良好排烟效果的排油烟设备必不可少。现如今，排油烟设备已成为现代厨房的必备条件。

4. 四大功能区设计

橱柜设计的主要考虑因素是如何充分满足厨房的四大主要功能（即储藏功能、洗涤功能、配餐功能以及烹饪功能），以及如何充分提高厨房空间的利用率。一般来说，最能体现橱柜设计师设计水平的是其对功能设计合理性的展现。一般自制橱柜仅具有简单的储藏功能，而对于如何更便于使用者取拿物品，如何更好利用空间，如何增加橱柜的使用寿命等方面都没有涉及。而专业橱柜则不同，专业橱柜对于功能设计等方面考虑诸多，譬如炉灶、吸油烟机以及水槽均设计为嵌入式，如此不仅节约空间，而且更美观实用；抽屉全部安装滑轨，操作者使用时能够举重若轻，事半功倍；使用各种功能的配件，不仅方便物品的存取，也使空间得到最大限度的利用。由此可见，厨房设计必须考虑到人体工程学以及优化工作流程等因素。

3.2.4　人体工程学在厨房设计中的应用

厨房本身是为人使用的，因此厨房设计中的造型、尺寸、色彩以及布置方式都需符合人体心理以及生理的基本规律，以此来达到安全实用以及舒适方便的目的。橱柜设计师在进行厨房设计时需要密切关注家具尺寸，以此来满足操作者合理使用的要求，提高厨房环境质量。

橱柜的操作高度一般要根据操作者的身高来确定，应使使用者的操作高度与其身高相适应。一般而言，当操作者手臂弯曲时，手肘与操作台的间距应在10~15cm为宜，如图3－11所示。

图3－12至图3－18所示是厨房常用的人体尺寸，可以在具体设计时作为参考。

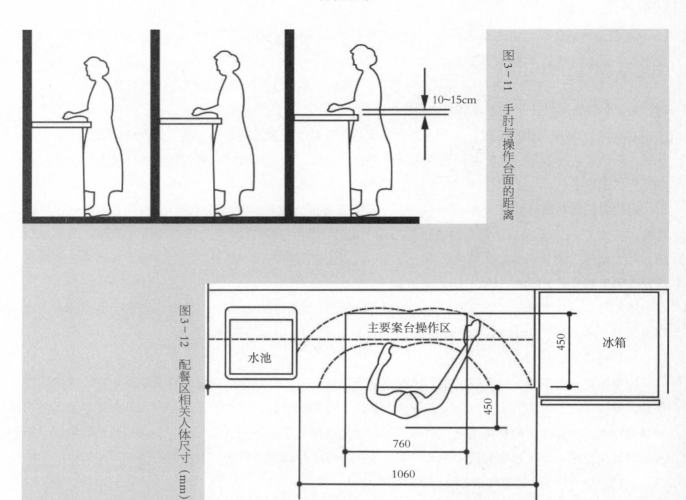

图3—11 手肘与操作台面的距离

图3—12 配餐区相关人体尺寸（mm）

图3—13 冰箱布置相关人体尺寸（mm）

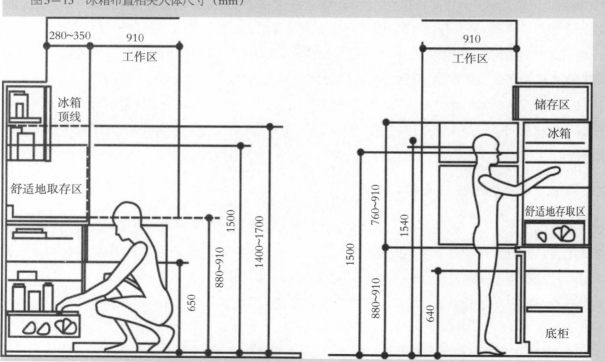

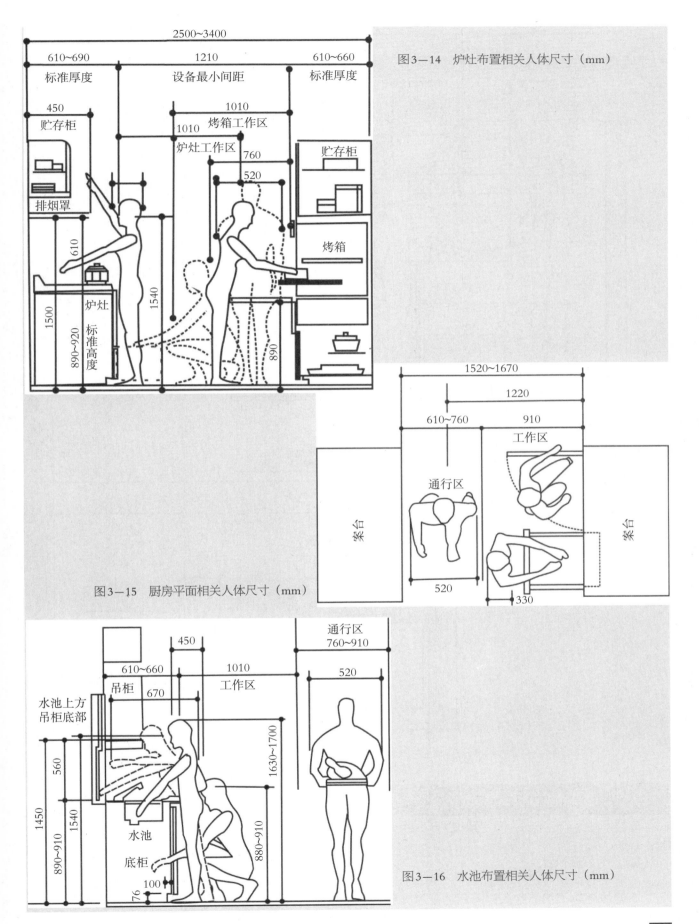

图3-14 炉灶布置相关人体尺寸（mm）

图3-15 厨房平面相关人体尺寸（mm）

图3-16 水池布置相关人体尺寸（mm）

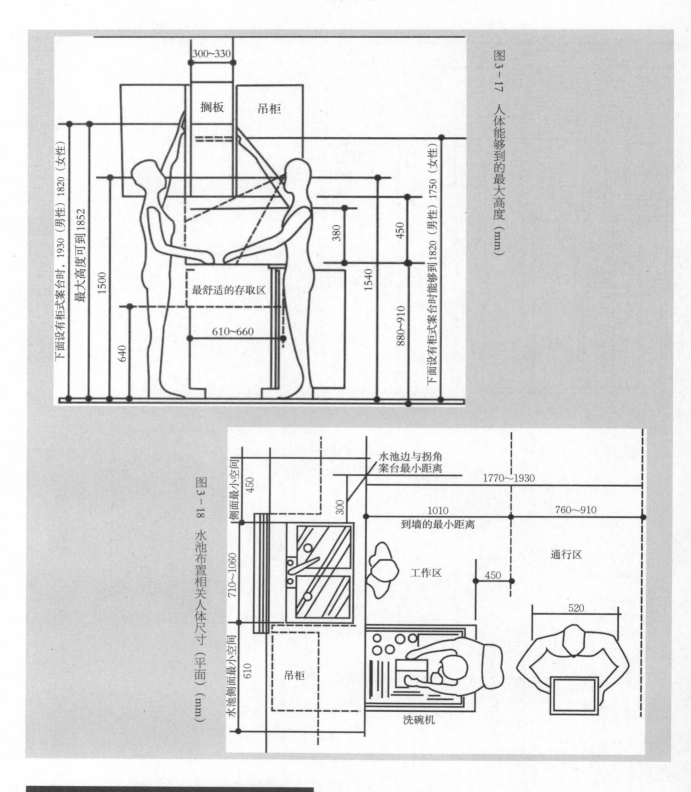

图3-17 人体能够到的最大高度（mm）

图3-18 水池布置相关人体尺寸（平面）（mm）

3.3 橱柜的色彩与造型设计

3.3.1 色彩设计

不同的色彩不仅能给人以不同的视觉感受，而且还能影响人的情绪变化，改变环境的装饰效果。恰当的色彩应用能丰富造型，突出功能，愉悦身心。在复杂的厨房设计中，好的颜色处理能使枯燥的烹饪生活变得有趣味。

1. 色彩三要素

有彩色的颜色具有三个基本要素：色相、纯度以及明度。在色彩学上也称为色彩的三大要素或色彩的三大属性。

（1）色相。色相是色彩的最大特征，是指色彩的具体颜色，如红、黄、蓝、绿等。从理论上来讲，各种色彩是由射入人眼的光线的光谱成分决定的。对于单色光来说，色相完全取决于该光线的波长；对于混合色来说，则取决于各种波长光线的相对量。物体的颜色是由光源的光谱成分和物体表面反射的特性决定的。

（2）纯度。纯度是指一种特定颜色的纯净程度，也称为彩度或饱和度。饱和度越大的颜色称为纯色。纯色醒目，感情表现力强，而不饱和的颜色则相对温和。颜色的饱和度能左右人们对于一幅图像的感性反应。比如，一般而言低饱和度的颜色看起来阴暗沉闷，但有时也会给人平静感；而饱和度高的颜色给人以生机勃勃感，更鲜艳夺目。

有色物体色彩的纯度往往与物体的表现结构存在关系。当物体表现结构粗糙时，其漫反射作用将使色彩的纯度有所降低；相应地如果物体表面光滑，全反射作用会使色彩比较鲜艳，看起来纯度有所提高。

（3）明度。明度也称为"亮度"，是指色彩的明亮程度。明度在自然界中存在成百上千种不同等级，单纯依靠肉眼很难分辨出来。然而在形象艺术以及摄影艺术中，明度的种类会有所减少，因为它们仅需要表现出视觉上的可视效果。在实际操作中，人们可以借助颜料、涂料或者硝酸银，使得图像呈现出近乎自然的色调。在国际通用的孟塞尔颜色系统中，明度一般可分为十一个等级，以白色开始一直过渡到黑色。

人们对于明度的感知不是绝对意义上的，而是相对意义上的，也就是说明度大小受其周围环境的制约。准确地说，通过相邻深色和浅色的平列放置，对比效果改变了人们所感受到的图像或者物体的明度值。明度是最基本的视觉要素之一，可以毫不夸张地说，倘若没有明度，我们将不会看到任何图像和物体。

2. 色彩感觉

（1）冷暖。图像和物体会根据其表面的颜色来给人们带来温暖感或凉爽感。通常，温暖感表面上是通过感觉器官触摸物体表面而来，但实际上颜色也可以根据其色相的差异带给人心理上的冷暖感。

红、橙、黄等颜色使人联想到阳光、火焰，会让人觉得温暖，因此称为"暖色"。

青、蓝、绿等颜色会使人联想到冰雪、海洋、蓝天、月夜等，给人一种阴凉、宁静的感觉，因此称为"冷色"。如果在炎热的夏天，人们在冷色环境中，也会感觉到凉爽舒适。

人们对于色彩的冷暖感受一般取决于不同色系所构成的色调。在色彩中，色系一般分为三种：暖色系、冷色系以及中性色系。其中暖色系一般会给人积极、温暖、跳跃的感觉；而冷色系给人以冷静、寒冷、平静的感觉；中性色系给人以轻松感，可以避免疲劳。色彩的冷暖效果还受到颜色的饱和度影响，譬如当暖色系的色彩饱和度越高时，其暖色的特征会更明显；当冷色系的色彩饱和度越高时，其冷色的特征会更明显，会让人感觉更寒冷。

（2）轻重。不同色相的颜色给人的轻重感不同。色彩的轻重受到物体本身的质感与色感综合影响。比如两个轻重、体积相等的箱子，在同等环境下，白色的箱子要比黑色的箱子感觉轻。一般而言，浅色调给人以向外扩张的感觉，让人觉得轻；而深色调给人以内聚感，让人觉得重。

（3）膨胀与收缩。倘若比较两个面积大小一样的黑白正方形会发现，即使大小面积相等，白色的正方形会让人在视觉上觉得更大。这种因心理因素而导致的物体面积的膨胀称为色彩的膨胀，反之称为色彩的收缩。这种现象在现代橱柜设计中也被设计师灵活加以应用，例如面积小的厨房尽量使用带有膨胀感的浅色调，如此提高视觉空间上的面积。一般而言，色彩的膨胀与色调紧密相关，冷色调属于收缩色，暖色调属于膨胀色。

（4）艳丽与素雅。一般而言，饱和度高的单色让人感觉艳丽，而饱和度低的颜色让人感觉素雅。除此之外，色彩的艳丽素雅还与亮度有关联，亮度高的颜色即使饱和度低也会给人以艳丽感。

除了上述色彩的几个特性以外，色彩的特性还包括色彩的联想与色彩的象征意义。对于色彩的联想而言，不同年纪不同文化程度的人，所联想到的事物会完全不同。例如小学生看到白色一般会联想到白云、棉花糖、白雪；而成年人则可能会联想到护士、死亡、正义等。

人们对于色彩的偏好受到多方面的影响，橱柜设计师在具体设计时不仅要了解基本的色彩知识，还要了解厨房使用者的色彩偏好，以及住房的整体设计风格。通常，空间面积大，采光充足的厨房，可采用吸光性好的色彩，譬如冷色调，明度低、饱和度小的色彩；相反，如果空间面积小，采光不足的厨房，则应该采用暖色调，明度高、饱和度大以及反光性能好的色彩。

3. 色彩在橱柜设计中的应用

现如今，人们在处理厨房空间设计时，往往容易仅考虑某一方面的效果，而忽略了整体风格的营造以及色彩上的搭配，特别是在选择橱柜品牌以及墙地面材料时更是如此。因此，为了适应现代中国橱柜业的飞速发展，橱柜设计师们更应当根据住宅的整体设计风格，以及厨房的具体布局形式来界定其风格，确定橱柜的颜色。

橱柜设计在处理颜色时，最首要的是要确定主色调，也就是色彩整体感的营造。为了提高色彩的整体感，主色调一般都以一色为主，附以其他颜色为烘托。常见的色调有对比色与调和色两大类。当对比色为主色调时，厨房的设计风格会显得活泼明快；当使用调和色为主色调时，厨房的设计风格则会显得雅致温和。需要注意的是，无论使用哪种色调为主色调，都要使其具有视觉上的统一感。既可以在对比色调中加入中性色，以使其获得更和谐统一的视觉感；也可以在大面积调和色中加入小面积的对比色，使其达到协调但又不呆板的视觉效果。

如图3-19所示，主色调为蓝色，搭配白色台面，色调和谐，对比强烈，地中海风味浓郁，使环境显得清爽淡雅。

如图3-20所示，黑色主色调与不锈钢金属搭配，让人觉得质感十足。为了降低整体格调的冰冷感，设计师特意加以暖光源的照明，让人觉得时尚前卫的同时也给人温馨感。

如图3-21所示，暖白色加以黑色搭配，让人觉得时尚简约，现代都市生活气息浓厚。

如图3-22所示，这组橱柜的颜色由红、白两种色调构成，颜色组合视觉冲击力强，对比突出，给人以喜气洋洋的感觉。

3.3.2 橱柜造型设计

橱柜的造型设计是指在具体设计中应用一定的技术手段，并结合橱柜的色彩、形态、质感、构图以及装饰等多方面进行综合处理，最终构成橱柜的整个过程。一般而言，橱柜造型设计主要包括造型的基

图3—19　蓝白色调橱柜　　图3—20　黑色调与不锈钢金属搭配的橱柜

图3—21　暖白色与黑色调搭配的橱柜　　图3—22　红色与白色搭配的橱柜

本要素设计以及造型的构图法设计两个部分。

橱柜的设计与研发工作不仅需要形象的思维能力，而且也需要紧密的逻辑思维能力。优秀的橱柜设计师需要不受传统陈旧观念以及惯性思维模式的束缚，能把握正确的思维方向，树立科学的思维模式，并能灵活运用现代高科技材料，以此才能设计研发出新的橱柜形象。由此可见，想要成为一名优秀的橱柜设计师，必须提高自身的形象思维能力以及创造性思维能力，这也是现代橱柜业发展的需要。

橱柜设计师在设计橱柜时，不单需要注重实质性的结构设计，还需要注重设计在视觉上的美观性，通过对不同材料以及颜色的处理，设计出更具新意的橱柜造型，以适应消费者的口味。

橱柜在设计上的细节变化，丰富了其造型的发展。现如今，更多不规则造型的橱柜设计层出不穷，这类设计改变了传统橱柜的造型，使人们的想象力与创造力得到了充分的发挥。

在传统设计中，橱柜单单只是一种柜式家具，这种简单定义在现如今已经并不科学。现代橱柜的"柜子外形"只是一个简单的躯壳，它还包括各种功能网篮、各种厨房电器、洗涤设备以及垃圾处理设备等。

1. 橱柜造型设计的基本要素

（1）造型要素的感觉特征

橱柜造型一般由四个基本要素构成：形态、色彩、质感以及装饰。严格来说，装饰也由前三个要素构成，但由于其具有强大的美化作用，而且在造型上也具有很强的感染力，因此也作为一个单独的基本要素看待。

（2）形态

物体的形态依靠人的视觉感受，不同的形态往往给人的视觉感受也不同。具体来说，形态可分为点、线、面、体四种基本形态。

① 点

通常而言，在视觉中占面积很小的物体，造型上都会给人以点的感受。譬如橱柜门上的拉手，在整个橱柜设计中就可称为是"点"的设计。就橱柜拉手而言，其占位面积虽小，但也至关重要。例如一组大橱柜，上部的拉手应当安装在门的下角，而下部的拉手则应当安装在门的上角。这不仅是为了符合基本的人体工程学规范，还为了体现视觉形式上的美感。在整体橱柜的造型设计中，较小的形体都可称之为点。由此可见，橱柜设计中的点是存在大小、形状以及体积的。

点具有以下基本特征：

A. 点具有强大的视觉吸引力，可以很好地吸引观者注意力。

B. 当点处在面的中央位置时，会形成视觉上的平静感。在实际设计中，设计师可以考虑将拉手安装在门板的中间，以给人一种静怡之美。

C. 当点处于面的边部时，会形成一种视觉上的动感。设计师可以将拉手设计在门板的边部，以此来避免橱柜在整体造型上的呆板，增加橱柜设计的动态美。

D. 两点之间可形成一种直线的相连感。设计师在设计时应尽量保持拉手的位置处于同一水平线上，以此来形成视觉上的连贯感。

E. 大小不同的两点，会形成视觉上的牵引力，人们的注意力会由大到小。

F. 当三点均布一线时，会形成一种均衡感和直线感。

G. 当多点均匀散开时，会形成一种视觉上的虚面感，具有平面感与立体感。

H. 点的形状多种多样，可圆可方，可长可短，由此可见点不应由其形状来定义，而应由面积的对比来定义。

② 线

线的形态长而细。在造型设计中，线主要由面与面的分界构成。在橱柜造型中的"线"包括线条型拉手、上眉线、下眉线以及表面嵌线条型门板等。线的感觉特征包括以下几个方面：

直线：严肃、简洁、刚劲、明快；

水平线：平静、均衡、宽广、舒展；

垂直线：庄严、刚强、挺拔、屹立；

斜线：动感、速度、活泼、分散；

曲线：柔软、明快、节奏感。

③ 面

橱柜表面存在的不同形状可以称之为面，由各种线条围成的平面空间也可称为面。各类面的形状感觉特征如下：

正方形：端庄；

黄金比例（0.618∶1）矩形：俊俏；

菱形：轻快；

多角形：丰富；

正置三角形：轻快；

圆形：圆满、动感。

④ 体

橱柜组件中的不同立体形状可称为体，各种立体形状的感觉特征如下：

正方体：端庄；

长方体：稳健；

圆体：动感。

2. 橱柜造型的基本构图法则

对橱柜的长宽比例进行细致推敲是追求橱柜造型美的主要手段。橱柜的长宽比例主要包括整体橱柜的长宽比例、单扇门板的长宽比例、抽屉面板长度与宽度的比例、拉手大小与门板宽度的大小比例、橱柜大小与厨房空间大小的比例等多个方面。在进行比例设计时应重点注意以下两个方面：

（1）比例设计的基础是功能与结构

橱柜总体与局部所用材料、位置、结构以及使用场合、功能的不同使其比例各有不同。在进行橱柜比例设计时，应考虑多方面因素，以获得整体美感。

（2）巧妙利用几何图形的美感

橱柜设计师在进行比例设计的时候，可使用外形肯定的基本几何图形为主要造型元素，使其形状彼此相似，尺寸按照一定比例渐变分割，以此来达成视觉上的整体美感。

外形一定的基本几何图形包括圆形、正方形以及黄金比例的矩形，这些图形一般都具有一定的比例关系与不变的相对位置，形状辨识度高，容易引起美感共鸣。其中黄金比例的矩形边长之比为1∶0.618，外形端庄又活泼，视觉美感强。

3. 橱柜造型元素的构成种类

（1）门板

① 橱柜立体面的造型可以依靠门板的类型变化来实现。

② 可利用门板的开启方式来实现造型。如：单开门、双开门、后翻门、折叠门、单上翻门、双上翻门、平移门、卷帘门、趟门以及抽屉等。

③ 可利用门板材质的不同来实现橱柜的多样造型。如卷帘门、木门、木框玻璃门、铝框玻璃门、门板材质套用、门型套用等。

④ 利用不同门型以及门板与特殊拉手配合的形式来实现各种设计风格的营造，如图3-23所示。

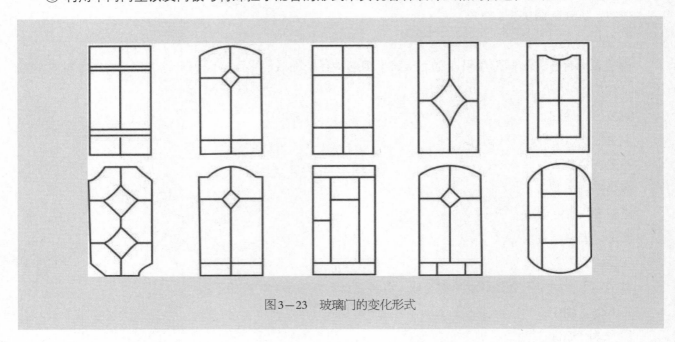

图3-23　玻璃门的变化形式

（2）单元柜体

单元柜体一般利用不同形式的单元吊柜或地柜来实现造型上的变化。除此之外，也可利用台面柜、半高柜以及高柜来实现造型变化；或利用各样工艺柜、金属架来实现造型上的变化。

（3）单元柜体组合造型

① 半高柜组合形式；

② 高柜组合形式；

③ 炉具下柜单元柜体组合形式；

④ 酒柜的设计形式；

⑤吊柜单元柜体常见的组合形式。

（4）台面

① 可使用不同材质的台面套来实现造型；

② 可使用台面的不同造型来实现造型设计；

③ 台面的错落设计。

（5）踢脚板

在设计中可利用各类踢脚形式的组合来实现踢脚处的造型变化。

（6）眉板、罗马柱、眉线

在设计中可利用各类眉板、罗马柱、眉线来实现造型变化。

4. 橱柜造型元素的变化形式

（1）门板的造型设计

一般而言，门板的造型可分为门板表面造型与门板边部造型两种形式。用于造型的门板基材要求采用实木或者中密度板，基材表面需采用吸塑或者喷漆处理。

在现代橱柜设计中，门板变形的设计多样，常见的有双斜边（2mm）、四面直角斜边（4mm）、四面直角圆弧斜边（4mm）、四面直角边（2~5mm）、圆边、古典边等。

（2）台面的造型设计

在现代橱柜设计中，台面的造型设计主要体现在，在设计过程中可就整体台面做出高低、材质、厚度、颜色、形状等诸多方面的变化。

（3）柜体的造型设计

现代橱柜设计中，对于柜体的造型设计一般体现在工艺柜体、收边柜体、双体组合造型以及多体组合造型等诸多方面。

（4）炉具下柜的造型设计

现如今常见的炉具下柜造型图，如图3-24所示。

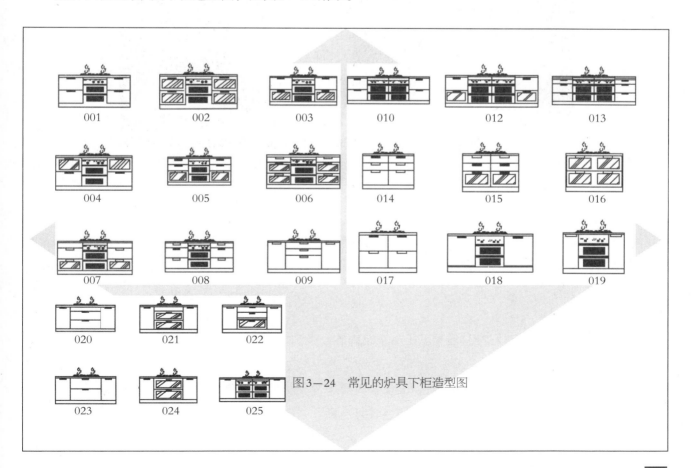

图3-24 常见的炉具下柜造型图

3.3.3　橱柜的设计风格

现如今，我国橱柜业发展迅速，各类设计风格层出不穷，各有特色。根据主色调、造型以及材质的不同，我国橱柜业可大致分为简约式、田园式、古典式以及前卫式四种风格。

1.　简约式

简约式风格（图3-25）的主要特点是简洁且明快。简约式在造型上往往会摒弃掉杂乱的线角，设计元素以直线居多，力求以最简洁的设计语言营造完美的空间效果。简约式的设计风格在基材的选择上往往以木质材料、木质复合材料以及合成高分子树脂材料等为主，以此来追求一种视觉上的时代感与现代生活气息。在色调的选择上，简约式的风格往往采用淡色为主色调，不宜采用杂乱的色彩；在配色处理上，往往搭配互补色、邻近色以及黑白色为主，以此来提高视觉冲击力。

图3-25　简约式风格橱柜

2.　田园式

田园式风格（图3-26）造型自然、朴实，温馨感十足。这类风格在选材上崇尚自然，大多采用原木为主要基材，使用木质地板或陶砖作为墙与地的主要材料。在色调的处理上常采用暖色调，以此来增加视觉上的亲和力。

3.　古典式

古典式风格橱柜（图3-27）在造型上追求装饰感，强调古典韵味，注重整体与细节的装饰美感，强调门饰的线形与五金配件在视觉美感上的统一效果。在材质的选择上，古典风格橱柜善于利用丰富的线角与金属饰件，结合实木、玻璃以及石材来营造具有丰富视觉形式美感与空间美感的橱柜设计。在颜色的处理上，古典式橱柜常采用奶黄色或咖啡色等暖色调，搭配色彩柔和的材质来设计。在装饰图案的选择上，常采用具有强烈装饰效果的欧洲古典风格图案来使其更具贵族气息。

4. 前卫式

前卫式风格的橱柜设计（图3-28）在造型上常采用比较夸张的视觉元素来表现现代、梦幻甚至怪异的视觉美感。在材料的选择上，常采用马赛克、玻璃、金属以及各类新型材料，注重材料自身美感的表达。在色彩选择上，常采用冷色调为主色调，或在黑、白、灰等无彩色色彩中穿插艳丽色彩来增加视觉冲击力。

图3-26 田园式风格橱柜

图3-28 前卫式风格橱柜

图3-27 古典式风格橱柜

3.4 橱柜展示设计

现代橱柜设计可细分为零售设计、工程设计、样品设计以及展品设计四种。零售设计讲究美观实用，工程设计讲究符合客户群体的口味，样品设计看重设计的原创性。

3.4.1 展会设计

展会设计是一种讲究实用性，追求视觉形式美感的空间艺术设计。优秀的展会设计不仅可以更好地体现产品的特点，而且可以增强产品的美感。一个给观者留下良好印象的展台，不但可以给公司树立良好的企业形象，还可以更好地传达企业的经营理念以及产品信息。

现如今，以橱柜为主的展会设计都需要设计师能提前深入了解参展公司以及其产品的主要特征；精心策划，合理布局，标新立异地设计展台，用独具创意的表现手法来展现橱柜样品，最大限度地满足消费者的观赏欲望。

由于越来越多的大企业开始看重展会所带来的影响力，并将展览看作是公关活动的主要场所，因此展台设计还需考虑展会期间企业所准备的其他配套活动。在展会期间，企业可以举行各式研讨会以及表演等招待活动，以此来扩大展会的影响力。

3.4.2 展厅设计

展厅也被称为品牌的"T形台"，它是产品与消费者对话的好场所，也是消费者了解企业价值的接触点。展厅或者专卖店中所展示产品的设计风格会在潜移默化中对消费者产生重大影响。正因如此，展厅或者专卖店所展示的产品一定需要在设计上凸显出特色，因此才能更好地吸引消费者的眼球。

现如今，消费者大多都追求高的生活品质，在购物上也注重消费理念，因此展厅的设计应该在视觉效果上处理得当，使消费者进入展厅之后得到好的视觉享受。对于消费者而言，挑选橱柜不仅仅是为了完成装修任务，更多的是预先感受烹饪美味佳肴的乐趣。在展厅中可设置相应的顾客体验区，使消费者能切身体验，营造良好的顾客体验，如此不仅可以增加乐趣还可以更好地诠释品牌。在设置顾客体验区时，应该考虑到参观者在体验时的方便和对功能的认知，比如路线设置需合理，展品在款式以及风格上的特色需突出等。如此才能潜移默化地提升企业美誉度，给消费者留下良好的品牌形象，最终促进产品的销量。除此之外，在展厅设计中灯光与色彩也是非常重要的视觉元素，良好的展厅效果离不开好的灯光营造，以及赏心悦目的颜色搭配。

在实施的具体过程中，如何处理展品与展厅的问题也是关键所在。展品不仅是吸引消费者的主要点，也是体现产品结构与产品质量的好平台。对于展厅而言，整体看点的营造是重点所在；对于展品而言，局部卖点的烘托是重点所在。因此，橱柜设计师在设计展品时既要注重其风格的多样化，也要与展厅整体形象和谐统一。

测 试 题

一、填空题（请将正确答案填在横线空白处）

1. 根据国际标准ISO 1006规定，建筑模数符号为"M"，建筑基本模数单位为1M =＿＿＿＿＿mm。

2. 现如今，厨房大体可分为＿＿＿＿＿和＿＿＿＿＿两大类型。

3. 操作者在厨房内的活动路线所形成的三角形称之为＿＿＿＿＿。

4. 根据主色调、造型以及材质的不同，我国橱柜业可大致分为简约式、田园式、＿＿＿＿＿以及前卫式四种风格。

5. 一般而言，当操作者在厨房手臂弯曲时，其手肘与台面的间距应该为＿＿＿＿＿cm最为舒适。

二、判断题（判断下列说法是否正确，若正确请画"√"，错误请画"×"）

1. 模数协调的基本原则是实现住宅部品件的互换性以及通用性。（　　　）

2. 厨房的建筑模数大多为2M的整倍数。（　　　）

3. 整体厨房是集成厨房在概念上的延伸。（　　　）

4. 灶台应设计在台面的中央位置，以保证灶台四周留有足够的工作台面。（　　　）

5. 为了更有效地利用空间，冰箱可放置在灶台附近。（　　　）

6. 厨房的给水应采用暗设管道，选用具有良好防腐性能的给水管十分必要。（　　　）

7. 厨房选用的灯具以防水、防油烟且易清洁为宜。（　　　）

三、单项选择题（每题的备选项中，只有1个是正确的，请将其代号填在横线空白处）

1. ＿＿＿＿＿是指住宅的基本宽度，即墙中线到墙中线之间的距离。

　　A．开间　　　　　　B．中线　　　　　　C．进深　　　　　　D．半砖墙

2. 一般而言，工作三角区三边之和应以＿＿＿＿＿为佳，过短会显得拥挤，过长会使人劳累。

　　A．3.5~7.6m　　　B．3.5~6.7m　　　C．4.5~7.6m　　　D．4.5~6.7m

3. ＿＿＿＿＿厨房将所有的工作区集中安排在一面墙上，其动线简单，是比较利用空间的经济性手段。

　　A．单列型　　　　　B．L型　　　　　　C．U型　　　　　　D．岛型

4. 为了保证"工作三角区"在有效范围内，L型厨房最长一边应在2.8m左右，最短一边的长度不宜小于＿＿＿＿＿m。

　　A．1.5　　　　　　B．1.6　　　　　　C．1.7　　　　　　D．1.8

5. 我国住宅设计规范中明文规定厨房的窗地面积之比为＿＿＿＿＿。

　　A．1∶6　　　　　　B．1∶7　　　　　　C．1∶8　　　　　　D．1∶9

6. 所有安装在厨房的电器的电源插座，都应当选择有开关控制的插座为佳，另外在高度设置上应当距离地面＿＿＿＿＿mm左右为宜。

　　A．1000　　　　　　B．1100　　　　　　C．1200　　　　　　D．1300

四、多项选择题（每题的备选项中，至少2个是正确的，请将其代号填在横线空白处）

1. ＿＿＿＿＿mm是标准单元柜在宽度方向上的基本尺寸。

　　A．400　　　　　　B．420　　　　　　C．450　　　　　　D．500

E. 600

2. 整体厨房中的"整体"是指_____。

A. 整体配置　　　B. 整体设计　　　C. 整体施工　　　D. 整体销售

E. 整体尺寸

3. 一般而言，厨房可分为以下几种基本类型：_____。

A. K型独立式　　B. LDK型起居式　　C. D型独立式　　D. LK型餐室式

E. DK型餐室式

4. 现代厨房按其橱柜操作台面的平面形式划分，大致可分为以下几个类别：_____。

A. 单列型　　　　B. 双边二字型　　　C. L型　　　　　D. U型

E. 岛型

答　案

一、填空题

1.100　2. 封闭型　开放型　3. 工作三角区　4. 古典式　5.10~15

二、判断题

1. √　2. ×　3. ×　4. √　5. ×　6. √　7. √

三、单项选择题

1. A　2. D　3. A　4. C　5. B　6. C

四、多项选择题

1. ACDE　2. ABC　3. ABE　4. ABCDE

第4章 现代橱柜设计实务

在大家对橱柜的基本构造、功能以及环境设计等诸多方面有所了解的基础上，本章将着重介绍如何具体进行橱柜设计。橱柜设计工作流程复杂严格，对于设计师本身的设计素养要求高。在现实设计中，设计师在接到设计指令后往往先要对整体项目有详细的了解，以此才能合理安排程序，有条不紊地进行后期的工作。

除此之外，本章还介绍了如何在橱柜设计现场进行测量的方法和程序，强调在方案设计过程中应当注意的各种标准化准则，最后介绍了常见的橱柜报价方式。

4.1 现场测量与设计

设计不能闭门造车，厨房设计更是如此，设计的许多数据都来自现场和厨房操作者的要求，因此，橱柜设计师必须亲自到现场进行资料采集。面对不明确的环节时需与房主去确认，以便为后期的设计与定稿工作创造基本条件。在具体设计过程中，其基本数据、条件以及信息的收集工作都必须按照预期的要求进行，以避免后期工作出现问题而往返奔波。

4.1.1 与用户的交流

在数据测量的过程中，橱柜设计师不仅需要对现场环境及房屋进行详细描绘，还需要与客户进行良好沟通，充分了解客户的原始设想与要求，并将此作为原始档案资料和设计的重要依据。除此之外，要求客户在约定时间内提供水槽、炉灶、吸油烟机、消毒柜、烤箱以及电冰箱等基本厨房电器的尺寸、型号以及说明书等资料。

4.1.2　现场测量

1. 现场测量的原则

（1）明确尺寸。在厨房测量与设计中，明确尺寸的工作尤为重要，任何精美的设计都是建立在准确的尺寸测量上的。倘若在测量过程中出现关键尺寸的差错，那将会导致最终产品的差错，使产品无法安装使用。

（2）精化细节。在厨房测量与设计中，精化细节的设计是提升橱柜设计整体美感的关键所在。任何关键细节的忽视都将导致信息的错误传递，最终使客户无法满意。

（3）正确引导、合理满足。采用正确的方法了解客户的需求，选择正确的设计方案引导客户，使用正确的流程服务客户，用优质的服务与产品回报客户的信任，是每个优秀橱柜设计师必须做到的。

2. 测量

作为非标准产品的橱柜，我们在尺寸测量上一般允许其存在5mm以内的误差。橱柜的结构复杂，倘若在其制作过程中不提供精确的尺寸与明确的结构关系，将无法完成后期的制作与安装工作。

（1）橱柜测量的基本分类

① 初测。橱柜初测所针对的对象是相对粗糙的毛坯房，其目的是更好地提高厨房定制设计。初测的基本内容主要包括对厨房房型的基本了解，以及对居室装饰格调的整体把握；对客户要求的基本把握；对厨房平面草图以及立体草图的绘制；对测量数据的记录与确认；与客户进行设计构想、厨房管道的走向及其处理方法的初步交流。

② 复测。复测的目的是通过对房屋的精确测量来为后期的定量设计做准备。橱柜设计师进行复测时必须具备以下基本条件：

A. 已经完成初步设计，且设计方案已经通过客户的确认；

B. 已经完成对厨房吊顶、墙面以及地面的瓷砖铺贴工作；

C. 已经完成对厨房门窗的装饰工程；

D. 厨房烟道的上排孔以及相关的管道走向符合基本要求；

E. 厨房所有的煤气管道、电路、水路以及电源插座都严格按照其要求装置完成。

（2）橱柜测量的基本内容

初测与复测在测量内容上基本相似，但由于复测主要是为最后的定量设计做准备，因此，复测的要求要比初测更为细致、精密，不允许存在差错。复测的基本内容一般包括：

① 对初测后厨房在装饰施工中配合的基本条件及施工质量进行逐条核准，使其满足要求。譬如，墙、地砖是否贴平、拼接是否足够水平，吊顶是否吊平，排烟口的位置是否符合标准，电源的位置是否正确，热水器水、气管口伸出墙面的长度是否合适，位置是否准确等。不符合标准的应当向客户提出更改要求，如果无法更改则需书面列出由客户确认。

② 对于厨房与橱柜的相关长、宽、高以及烟道、墙柱等的尺寸需准确测量，明确煤气表、排烟孔以及热水器的位置及其所占空间尺寸。

③ 对于台面部分的相关尺寸进行准确测量，按比例作图或采用放样的形式，对尺寸以及形状进行准确记录，其中，特别需要注意量准台面角度以及管道、烟道、墙柱的位置；复查所有电源插座位置、

冷热水出口及排水管出口位置是否准确；了解吸油烟机的排气管在吊顶上的通径是否存在障碍，检查墙、地砖铺贴是否平整，转角是否标准成九十度；按照现场情况对门、窗、门框以及窗台尺寸进行复验。

④ 对于需要嵌入安装的柜体内或柜体间的各类厨房电器设备的安装尺寸以及开孔尺寸进行准确测量。

⑤ 最后需再次与顾客沟通，确认初步设计。

（3）橱柜测量的基本方法

① 厨房室内大的净空尺寸的测量。对厨房室内大的净空尺寸的测量，其测量的位置应为地面和850mm高度处。其中，里口、外口需各测量一次，一共测量四次。其中最大尺寸为台面长度，小尺寸为柜体布置参考尺寸。除此之外，在设计过程中，需考虑小于等于80mm的余量，以便实现宽度方向按1M的模数标准调整柜体设计。比较室内净空总长尺寸和该台面管柱、墙面累加总长尺寸所存在的差异，并分析其原因，将其核定在正确的范围内。

② 台面尺寸的测量。对台面尺寸的测量，其测量的位置应为地面向上850mm高度处。柱子的偏差值应用直角尺准确量定；墙拐角和偏差大的柱角可以用三角测量法，即量出墙角或者柱角等边尺寸和外边端点间的距离，并且精确标注其三边尺寸；弧面墙应当找准其与直边墙的切点，并标注出长度与弧高，与此同时采用报纸精确剪裁放样并随图样带回生产部门。

③ 水、电、气管线以及设备工况尺寸的测量。此类尺寸的测量应先与客户确定正确的位置，即需要保证顾客的基本需求，又需要留足未来的接口，还需要保证橱柜在安装上的顺利进行。对于尺寸的标注需既要准确、详尽，也要符合估价单相关规定。对于供电的进线容量，一定需要满足未来电器在安全使用上的要求。

（4）橱柜测量的基本注意事项

① 在测量时，一定要保证刻度尺、钢卷尺的平直。

② 在读数时视线需与尺面保持垂直。

③ 当墙面存在外凸情况时，应当测量直线距离，卷尺不能随墙面弯曲。

④ 当对称位置的平均尺寸误差小于0.5%时，可忽略不计，不必考虑修正。

⑤ 当测量点遇到墙角圆势时应当适当避开，并且在图上标注出。倘若出现无法避开的情况时，应当找准与直边墙的切点并且标注出长度与弧高。对于难以测量准确的几何体（比如不规则墙角或不规则柱梁）可以采用纸板放样。

⑥ 如果发现橱柜安装位置外延口过小，贴墙处大（俗称"倒喇叭"）时，应当考虑实际就位的可能，需要重点说明。

⑦ 对于墙面的具体结构一定要充分了解，当发现存在不能安装吊柜的墙体时，一定要与客户进行书面商定，以确保吊柜安装的安全进行。

⑧ 当发现因建筑原因而造成的无法纠正的工况错误时，一定需要与客户反复沟通，在达成正确的书面意见后，方可将相关尺寸正确标注在图纸上使用。当无法达成一致时，应当就善后责任进行书面落实。

⑨ 最好向客户索要厨房的装修图，以便于充分了解厨房装修后的基本情况。

4.1.3 测绘图的绘制

1. 绘制的基本步骤

（1）使用集成厨房网格绘制图，先画好厨房的平面图。

（2）使用统一的集成厨房工况符号，标明烟道、落水、插座、热水器等工况位置。

（3）经过测量后标全尺寸线，如图4-1所示。

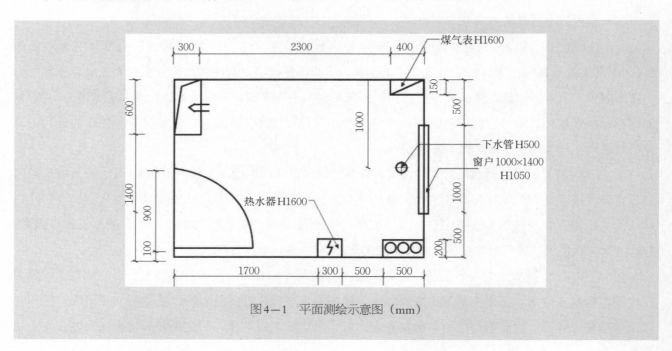

图4-1　平面测绘示意图（mm）

2. 绘制的基本注意事项

（1）在尺寸的标注上应按照从小到大、先左后右的顺序进行，在高度上应注意尾数准确与否，标注方向向上、向左，标注的单位一律采用毫米，以避免大尺寸尾数错差。

（2）平面图的绘制一定要清晰明了，尺寸线要足够开阔、精准、清晰且无漏项。

（3）标注物体时应统一按照"宽×深×高"的顺序清晰表示。

（4）当遇到平面图无法标注和表达时，应当采用相应的立面图来标注清楚。

3. 编制技术说明

测绘图在记录完数据的过程中，还必须对客户的要求以及其他相关环境因素用详细的文字补充说明。

（1）配件。应当明确品牌、规格、尺寸，确定详细的与橱柜配合的结构和尺寸，对未见到的配件应当跟踪确认，并采用统一的"宽×深×高"的顺序标明。

（2）墙体结构。应当标明墙体的主要结构，商定确保安全的吊装方式。

（3）气种。正确标明气种，确定气表的安装位置以及气罐柜的数量，确定燃气具的品牌、规格、尺寸，商定接口的具体方案。

（4）环境。应标明吊顶形式和高度，地、壁、顶、门、窗以及照明等与橱柜的协调关系。

（5）明确使用的人数、使用者的身高、色彩搭配方案以及拉手选择的方案等。

（6）客户提出的合理的特殊要求，应标明可实现的具体技术手段。

（7）应要求客户确保厨房装修后的工况与双方商定的下单方案一致，一旦签约下单生产后方案将不得更改，商定的厨房电器及相关配件不得随意更改等。

4.1.4 方案设计

1. 设计应当遵循的基本原则

在完成现场测量之后，橱柜设计师将利用专业软件进行方案设计。当客户确定了设计方案之后，设计师将根据厨房的特点以及客户的要求，将个性化的设计风格融入设计之中，反复修改，使之完善。除此之外，还需提供水电位置图纸以便于后期的装修施工。在橱柜设计中，虽然会按照不同客户的具体要求进行设计，但也应遵循以下原则。

（1）台面和标准柜的深度

① 台面的深度一般为600mm，550mm，400mm。

② 含门板柜体的深度一般为：吊柜320mm（工程用），350mm；地柜320mm，530mm（工程用），560mm。

③ 当台面深度为600mm时，地柜的深度可为320mm，530mm，560mm；当台面深度为550mm时，地柜的深度可为320mm，530mm；当台面的深度为400mm时，地柜的深度可为320mm。

（2）标准柜的宽度

① 在宽度方向上应当严格执行标准模数1M＝100mm；少数柜可采用0.5M。

② 调节板的宽度应为50mm，100mm。

③ 其余柜体的宽度应为150mm，200mm，300mm，400mm，450mm，500mm（宽500mm，高700mm的柜门比例协调），600mm（该尺寸地柜必用，可用于烤箱、消毒柜以及微波炉等），700mm（此尺寸在地柜中应尽量不出现，可用于吊柜），760mm（750mm为吸油烟机吊柜），800mm，900mm，1000mm，1200mm。

（3）最大柜宽限定原则

双门吊柜的最大柜宽应≤900mm；三门地柜的最大柜宽应≤1200mm；调节宽度应≤100mm。

（4）让管道柜（即为了避让管道而把柜体深度刻意做浅）一般为200mm，300mm，400mm；吊柜避让管道用背板前移的方法让背部的管道，顶底板所需挖缺尺寸在现场根据实际管道位置来确定，当无法与后面墙固定时，可借用其两侧柜体或墙壁固定。

（5）有转角柜的面不宜存在调节板，可改用转角柜的见光面调节。

（6）有塔型吸油烟机面的吊柜应当无调节板。

（7）橱柜的整体高度应根据操作者的身高以及所选定的配件来决定，一般常见的地柜高度为660mm，700mm以及720mm等；常见的吊柜高度为300mm，400mm，600mm，700mm，800mm，900mm等。常见的踢脚板高度为60mm，100mm，150mm等。其他开架柜、中柜、高柜以及半高柜的高度应当根据其选用的地柜、吊柜及其安装高度来确定。

（8）变化在视觉重心的两侧。所谓视觉重心一般是指黄金分割点或者对称点位置。

（9）当橱柜与顶格墙配合需要使用调节板时，整套橱柜在使用数量上不得超过三块，且外形上应保持整体效果的美观。非顶格吊柜不用调节板。

（10）转角柜距离墙面应≥50mm。

（11）在不影响上下对正效果的前提下，地柜调节板应当尽量放在转角位置，以便于安装。

（12）在精装修后测量，且墙壁的装修符合规范时，可采用墙面的总长减去10mm来作为地柜的总长设计。此时地柜安装后互相间的间隙可以消化10mm的偏差值，并确保地柜能够顺利安装。这时相对应的吊柜在布置上不可采用调节板。

（13）排烟口的位置应在距离地面2200~2500mm处为宜，离内墙的距离应在吊柜旁板以内，正常情况下一般≤280mm，排烟口的直径一般为 $\Phi=180$mm（一般情况下，国内生产的为 $\Phi=150~180$mm，国外生产的为 $\Phi=120~130$mm），倘若存在变压式排烟装置，应当使其与柜体完全协调。吸油烟机与燃气热水器严禁使用同一烟道。

（14）冷热水管和洗涤池水龙头的接口及阀门的安装高度应为500mm，以方便洗涤池水龙头的软管连接。电气线路布置时，地柜嵌入电器使用的插座应距离地面300mm，台面使用的电器插座应距离地面1300mm，与吊柜配合电器的插座应距离地面2000mm，供吸油烟机使用的插座应距离地面2500mm。

（15）煤气表的安装位置应安排在吊柜或者地柜内，其位置应便于安装柜体。柜体在设计上应当充分考虑其在开关上的便捷，煤气表柜可以不使用背板与顶板，可采用百叶门或者玻璃门，煤气管应当尽量协调安排到合适位置。

（16）编制正确的柜体表，备注与说明应当简洁明了，不易产生歧义，材料与配件应当无漏项和错项。

2. 设计方案的确定

一般而言，设计方案的确定应当符合以下基本要求：

（1）确保所测量厨房的平面尺寸标准无误，对于尺寸的记载应当全面、规范、精准。

（2）对于供气、供电、给排水、排烟、管线、插座、接口位置以及其各自的用途应仔细准确地标明。

（3）应当认真了解操作者现在以及将来在厨房内的基本配置（一般包括灶具、吸油烟机、水槽、电冰箱、洗碗机等）的情况。

（4）与客户商定橱柜的平面布置以及配件接口。

（5）可采用标准柜来协调非标准柜，以使用少量的元素来实现造型丰富、功能实用的整体橱柜设计。厨房平面、立面以及管线位置的标注尺寸应当与室内装修结束后的最终尺寸相一致。除此之外，应尽可能地使每一个柜体都具有相应的名称和用途，以达到空间的足够利用

（6）橱柜的色彩搭配和拉手配置，应当建立在对客户的正确引导上，不仅要符合客户的心理要求，还要体现出设计师的独特设计美。其中，色彩配置应当向客户展示彩色的立体效果图，拉手的配置方案应在最终的安装现场得以确定。

（7）在处理客户特殊要求的设计部分时，应以书面形式向客户签字确认。

4.2　橱柜制图

对于设计师而言，图样是能直观展现其设计思想的完美工具。图样的绘制需要依靠统一的语言表达，以便于使任何看图的人都能明确了解图样所传达的信息。

4.2.1　制图方法

橱柜制图的方法一般分为计算机制图与手绘制图两种方式。计算机制图要求设计师对计算机及其各种专业绘图软件有所了解，并能熟练操作；手绘制图能够快速地表现出设计意图，但其要求设计师具有良好的手绘功底。手绘制图方便快捷，能达到与客户及时沟通的效果。

1．计算机制图

现如今，橱柜行业的专业设计软件种类繁多，但大部门公司还是采用一些较通用的设计软件来绘图，比如采用AutoCAD来绘制施工图，再采用3ds max制作后期效果图等。这些设计软件智能方便，不仅使用在橱柜行业，在其他设计行业（如建筑设计、家具设计等）也广泛使用。

除了上述的通用设计软件之外，现在行业内也广泛使用一些专业的橱柜设计软件进行制图。譬如圆方、KD软件等，这类专业软件集平面图绘制、立体图绘制以及工程预算功能于一体，可以更加方便快捷地展现设计效果，最大限度地简化了设计流程，使工作效率也大大提高。

2．手绘制图

当橱柜设计师到客户家中进行实地测量时，如果设计师具有良好的手绘功底，就能采用手绘制图，从而使客户直观地了解厨房的最终设计效果。这种手绘制图的方式可以更好地提高设计的效率，与此同时也能充分展现设计师的专业水平，从而增加客户的信任度，如图4—2所示。

图4—2　手绘效果图

一般采用钢笔、铅笔或者马克笔绘制而成。所描绘的效果图必须与客户的厨房工况相一致，以准确地反映客户的厨房真实情况为准则，切忌擅自增加无法实现的美化效果。绘制手绘效果图时还应当注意选准视图方向，应尽可能地将主要的厨房布置全面地展现出来，以防止产生歧义而影响最终沟通效果。与此同时，设计师还需向客户表明，手绘效果图的主要作用是方便现场的沟通以及初步确定设计方向，最终的设计方案将以双方签字认可的下单方案以及合同为准。

手绘效果图一般有量点法与算点法两种方法，但现场手绘却无法直接采用这两种方法，只能在量点法的基础上，在视平线上确定灭点。一般而言，视平线的高度为1600mm，具体的高度方向和宽度方向应按目测的同比例确定，深度方向通过寻找深度的辅助点和辅助线得以确定。在手绘效果图的过程中，应先画出与实际厨房净空尺寸相同的厨房空间，然后再画出门窗、柱管以及橱柜。绘图时所有的深度方向的线都应该与灭点相连，这种绘图方法也称为"灭点法"，如图4-3所示。

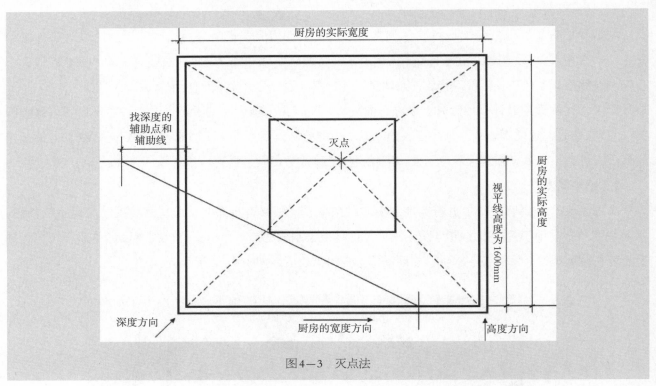

图4-3 灭点法

4.2.2 绘制橱柜产品设计图

1. 绘制方案图

设计师在充分理解设计要求之后才会绘制方案图，方案图是设计师设计构想的形象体现。方案图一般由手绘的橱柜立体图或主视图构成，其绘制过程也是设计师构思方案的过程。虽然方案图对于其比例、结构的要求并不严格，但也不能与实际尺寸差别过大。设计师绘制方案图的具体方法因人而异，但大多都需要设计师对于透视学原理有很好的掌握。

2. 绘制施工图

（1）施工图的概念。橱柜施工图也称为"下单图"，它是整个橱柜生产过程和质量检验标准的基本依据。一般而言，橱柜施工图包括平面图、立面图以及台面图三个方面。

（2）施工图的基本特点。施工图依靠明确描绘的体型轮廓线来表达设计意图，因此，严格的线条绘制功底以及良好的制图规范是其主要特征。

严格来说，橱柜设计属于家具设计的范畴，其制图规范也需要遵循家具制图的基本规范（QB1338—1991《家具制图》）。设计师必须掌握图线的画法、尺寸的标注，以及各类图例、符号的使用。设计师在设计过程中，必须按照统一的标准进行绘图、识图，以此来减少误解和差错，从而提高工作效率，确保设计质量。

（3）绘制施工图的软件。现如今，用于绘制橱柜施工图的设计软件最常见的是AutoCAD。AutoCAD是Autodesk公司于1982年首次开发的计算机辅助设计软件，该软件主要应用于二维绘图、详细绘制、设计文档以及基本三维设计。AutoCAD软件方便智能，设计师即使不懂得任何编程知识也可以利用AutoCAD轻松绘制施工图，由AutoCAD软件绘制的施工图生动清晰且尺寸明了（图4-4）。正因如此，AutoCAD已在全球广泛使用，不仅橱柜设计行业，其他例如土木建筑、工业制图、电子工业、工程制图等诸多行业也广泛使用。

3. 使用三维软件绘制效果图

利用AutoCAD软件绘制的平面图、立面图虽然能解决空间构图与施工的需要，但却无法使客户直观感受到设计师对厨房内部空间环境的设计。因此在某些特定的环境下，还需要绘制出效果图来加强表现。

现如今，最常用于绘制效果图的三维软件是3ds max。3ds max是由Discreet公司开发，后又被Autodesk公司合并的基于PC系统的三维动画渲染和制作软件。3ds max软件具有强大的可堆叠建模步骤，该功能使得模型制作变得更简单智能。现如今3ds max软件广泛应用于广告、影视、建筑设计、工业设计、多媒体制作、三维动画以及游戏设计等诸多领域。

使用3ds max设计的橱柜设计效果图视觉效果逼真，三维立体感强，色彩效果一目了然。（图4-5）

想要绘制具有良好视觉效果的效果图除了需要使用3ds max进行渲染以外，还需要配合像Photoshop此类的图像处理软件进行后期效果处理，以此来使画面更加清晰，提升整个画面的色彩效果，最终使虚拟的效果图更具真实的生活气息。

一般而言，由3ds max软件处理出来的效果图在视觉效果上大多偏冷，需要利用像Photoshop此类的图像处理软件进行色彩平衡的设置，以适当除去画面中的冷色调，达到综合视觉效果的目的。

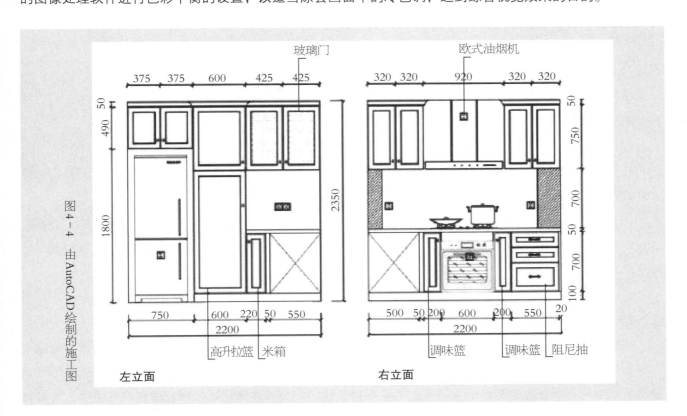

图4-4　由AutoCAD绘制的施工图

图4-5 由3ds max绘制的效果图

4.3 橱柜报价

在中国的橱柜市场，最常见的橱柜报价模式为"延米"。所谓"延米"是指包括地柜和吊柜的总价，这是我国特有的一种橱柜计价方式。在延米计价的基础上，如果存在只要地柜不要吊柜的区域，则按"2/8"或"4/6"的比例折算。除了延米计价的方式以外，国外惯用的计价方式是采用"单元计价"。现如今已有不少专家认为延米报价在报价形式上存在不少弊端，并不适应我国现在橱柜业的发展，随着家用厨房的标准化，单元计价也将成为我国橱柜行业的必然发展趋势。

4.3.1 橱柜产品价格的构成

橱柜的价格一般由其成本、税金以及合理的利润构成，其中成本既包括原材料的生产成本，也包括企业的销售成本和服务费用等。

（1）原材料的采购成本以及机器设备的折旧费用一般在总成本中占50%左右。

（2）企业销售成本是指各个销售网点的基本费用（比如企业包装、销售通信以及运输费用等）。除此之外，还应包括用于广告宣传的费用，此类费用是必不可少的。

（3）服务费用在不同的橱柜企业中所占的比例也不同，它包括前期的测量设计、现场的配合放模、运输安装、售后回访以及调查维修等。服务费是橱柜价格的重要组成部分，也是企业利润的主要体现。

4.3.2 橱柜报价方式

1. 延米报价（表4-1）

从概念上看延米报价看似并不复杂，但在实际操作中则要复杂得多。一般而言，单位延米价是指同一材料面板的橱柜吊柜和地柜的价格。但实际生活中，大多厨房空间不可能只单纯的存在吊柜与地柜两排组合。当存在吊柜与地柜的长度不同时，在报价上也必须分开来算。现如今我国橱柜行业中，大多数橱柜厂家会将吊柜的价格定位为整体单元延米价格的35%，地柜的价格为65%。除此之外，还会根据实际情况增加一系列费用（譬如拉篮单加、抽屉单加、改造单加、面板更换材料单加等）。

表4-1 延米报价参考报价单

序号	名称	规　格		数量	单位	单价（元）	小计（元）	备　注
		高（mm）	宽（mm）					
1	地柜	720	580	2.8	m	830	2324	防火板门板，2mm同色PVC封边
2	吊柜	360	340	1	m	450	450	防火板门板，2mm同色PVC封边
3	装饰板	720	600	2	块	230	460	防火板门板，2mm同色PVC封边
4	装饰板	360	360	2	块	115	230	防火板门板，2mm同色PVC封边
5	抽屉轨道		600	4	个	320	1280	全拉回弹抽屉另加
6	拉篮		600	2	个	480	960	另加
7	吊柜气压支撑			2	个	125	500	另加
合　计							6204.00元	

2. 单元报价（表4-2）

所谓单元报价是指把整体橱柜分割成各个单元，再由各个单元的报价相加组合而成一个整体价格。单元报价的报价形式简单易操作，只需依据厂商所提供的规格以及价格套用即可。如果遇到在尺寸上不标准的橱柜，则需按照每个厂家的不同要求增加非标准系数。无论是设计师还是消费者，只需要了解橱柜每个单元的单价，就不难计算出橱柜的整体价格。

表4-2 单元报价参考报价单

序号	名称	规　格			数量	单位	单价（元）	小计（元）	备　注
		长（mm）	高（mm）	宽（mm）					
1	抽屉柜	600	580	720	1	个	1320	1320	防火板门板，2mm同色PVC封边，全拉回弹抽屉
2	水池柜	500	580	720	1	个	510	510	防火板门板，2mm同色PVC封边
3	地柜	500	580	720	1	个	510	510	防火板门板，2mm同色PVC封边
4	灶柜	600	580	720	1	个	570	570	防火板门板，2mm同色PVC封边
5	拉篮柜	600	580	720	1	个	1750	1750	防火板门板，2mm同色PVC封边，德式三边拉篮
6	吊柜	1000	340	360	1	个	720	720	防火板门板，2mm同色PVC封边
7	装饰板	600	720		2	块	230	460	防火板门板，2mm同色PVC封边
8	装饰板	360	360		2	块	115	230	防火板门板，2mm同色PVC封边
合　计								6070.00元	

测 试 题

一、填空题（请将正确答案填在横线空白处）

1. 作为非标准产品的橱柜，我们在尺寸测量上一般允许其存在_____mm以内的误差。

2. 一般而言，橱柜施工图包括平面图、_____以及_____三个方面。

3. 在不影响上下对正效果的前提下，地柜调节板应当尽量放在转角位置，以便于_____。

4. 在台面及其标准柜的深度标准化原则中，当台面的深度为400mm时，地柜的深度可为_____mm。

二、判断题（判断下列说法是否正确，若正确请画"√"，错误请画"×"）

1. 橱柜初测所针对的对象是相对粗糙的毛坯房，其目的是更好地提高厨房定制设计。（　　　）

2. 在厨房测量过程中，当墙面存在外凸情况时，应当测量直线距离，卷尺可以随墙面弯曲。（　　　）

3. 在厨房测量过程中，不必向客户索要厨房的装修图。（　　　）

4. 煤气表的安装位置应安排在吊柜或者地柜内，其位置应便于安装柜体。（　　　）

三、单项选择题（每题的备选项中，只有1个是正确的，请将其代号填在横线空白处）

1. 对厨房室内大的净空尺寸的测量，其测量的位置应为地面和_____mm高度处。

    A. 550
    B. 650
    C. 750
    D. 850

2. 供吸油烟机使用的插座应距离地面_____mm。

    A. 1500
    B. 2000
    C. 2500
    D. 3000

3. 在橱柜测量中，当对称位置的平均尺寸误差小于_____%时，可忽略不计，不必考虑修正。

    A. 0.5
    B. 1
    C. 1.5
    D. 2

四、多项选择题（每题的备选项中，至少2个是正确的，请将其代号填在横线空白处）

1. 橱柜设计在现场测量的主要原则是_____。

    A. 工具齐全
    B. 报价合理
    C. 尺寸为大
    D. 细节为王
    E. 正确引导，合理满足

2. 橱柜设计现场初测的基本内容包括_____。

    A. 了解厨房的房型以及相邻居室的装饰风格
    B. 对厨房平面草图以及立体草图的绘制
    C. 对客户要求的基本把握
    D. 对测量数据的记录与确认
    E. 与客户进行设计构想、厨房管道的走向及其处理方法的初步交流

答　案

一、填空题（请将正确答案填在横线空白处）

1.5　2. 立面图　台面图　3. 安装　4.320

二、判断题

1. √　2. ×　3. ×　4. √

三、单项选择题

1. D　2. C　3. A

四、多项选择题

1. CDE　2. ABCDE

第5章 现代橱柜的加工与制作

根据现代橱柜设计与制作的技术要求，将各样材料通过手工或者机械加工的手段制作而成的新的产品，此过程称为橱柜的加工与制作过程。

一般而言，在安装橱柜之前都需对厨房的整体环境进行验收，在确保不存在任何安装隐患的前提下，对柜体、台面、门板、灶具以及消毒柜进行安装。在安装的过程中要严格遵循安装质量标准、尺寸公差以及牢固度等其他安全指标。

本章介绍了常用的橱柜制作设备，对现如今市场上常见的橱柜制作工艺做出了说明，并对养护整体橱柜的方法做出了讲解。

5.1 橱柜柜体生产工艺

橱柜的柜体一般由地柜、吊柜、高柜、中柜、调料柜以及开架柜等柜体构成。倘若将地柜安装上抽屉，也就变成了抽屉柜。地柜、吊柜以及高柜中安装了嵌入式的电器或者拉篮等功能配件后就会成为方便实用的功能柜，但其基本单元还是柜体。现如今，由于大多数橱柜企业开始将橱柜中的门板与台面转给专业厂家完成，因此橱柜柜体的生产能力逐渐成为橱柜企业的主要生产能力。

由于我国经济的发展以及科学技术的进步，用于橱柜柜体加工的工艺以及设备也在飞速变化和发展。以下将对用于柜体制作的主要材料三聚氰胺板做出简单介绍。

1. 三聚氰胺板橱柜的生产工艺以及主要设备

从生产工艺上来说，三聚氰胺板的生产工艺相对简单，对其设备的要求也并不高。严格来说，由三聚氰胺板为主要材料的橱柜其生产可分为三个主要部分。

（1）配置原材料

一般而言，在选择配置材料时，需按照设计图纸的要求（如图案、色泽、表面纹理等）选择相应的板材，最后再在裁板锯上进行裁板。由于三聚氰胺板橱柜没有后续加工工序，因此往往不留后期的加工余量而是直接在板材上裁出净料。对各类款式的橱柜都应当有产品的开料排列图。我国现如今的橱柜市场，大多数橱柜企业都会根据客户的喜好来进行个性化定制，采用开料排列图有利于提高材料的合理利用。在产品设计的同时，也将开料排列图设计好。如此可将产品的成本进行大致预算，因为三聚氰胺板的用量是材料成本的主要计算依据。

裁板工艺的加工工序为三聚氰胺板橱柜质量高低的主要控制点。三聚氰胺板橱柜的加工量较少，涉及裁板质量的主要因素为裁板设备的精度以及其操作工艺。三聚氰胺橱柜中的许多板材只需要简单裁板即可，因此其加工的尺寸与位置都需精准无误。

三聚氰胺板的裁板锯由主锯与刻痕锯组成。目前我国对于裁板精度控制范围为：长度上 < 1000mm，允许误差在 ±0.25mm 以内；长度控制在 > 1000mm，允许误差在 ±0.5mm 以内，如此基本能保持产品稳定的质量。设备的精度直接影响加工的精度，因此需要经常调整设备，以使其保持良好的工作状态。

除此之外，还需注重裁板的工艺操作，裁板的工艺规定首先需要裁出加工以及测量的基准。在实际操作中，操作人员往往会为追求速度而忽略了此道步骤，导致后期不必要的质量返工。

（2）封边、钻孔以及装配

经过裁锯后的三聚氰胺饰面板边部往往会有人造板芯材暴露出来，因此需要对板件的边部作封边处理。封边处理不仅可以达到装饰美化的作用，还可以防止人造板基材吸湿后膨胀，更重要的是防止基材胶黏剂中的甲醛释放，起到环保的作用。

封边后的工作为钻孔。三聚氰胺板橱柜的孔位大多可分为三类：定位孔、五金件安装孔以及螺栓连接孔。定位孔的主要目的是保证产品现场的装配精确度；五金件安装孔的主要目的是便于安装铰链、拉手以及锁具等五金件；螺栓连接孔的主要目的是便于安装螺栓以及螺钉等。三聚氰胺饰面板的钻孔设备一般为木工多轴排钻，其中排钻的孔距为32mm，孔距钻孔的具体位置一般参照设计的部件图。在钻孔过程中，尤其需要注意加工基准的问题。当存在板件的尺寸过大不能一次性钻好全部孔位时，需要更换方向并设计好辅助基准，以避免造成误差，相应的辅助基准也应在图纸上作明确说明。

当板件封边和钻孔后就完成了全部的加工工序，可转入后期的装配工序进行五金件的安装。

（3）检验以及包装

装配五金连接件后的板材可以说已经完成了所有加工工序，正式步入检查以及包装工序。板材经过裁锯、封边、钻孔以及装配后，在入库前还需仔细检验是否符合设计图纸的要求。检查的具体内容包括材料的规格、尺寸外形、封边的质量、孔径大小、孔位以及产品编号是否正确。当所有检验无误后，方能对产品进行最后的包装。产品的包装材料通常采用纸箱，在产品表面附上一层发泡聚乙烯膜，以对产品表面加以保护。产品所需的五金件、定位销、螺钉、螺栓以及装箱单通常会装在另一个箱中。最后将组成产品的零件集中在一起，在包装箱上对零件编号、产品编号以及产品名称进行明确标注后方能入库。在处理玻璃及铝合金等部件包装时需要格外小心。针对比较大型的橱柜，可分几箱进行包装。

橱柜柜体加工的基本必须设备包括电子开料锯（或数字控制裁板机）、全自动重型电脑封边机、自动双端铣机床、木工多排钻床等。

2. 柜体加工的主要过程

（1）裁板

裁板是橱柜制作过程中最为重要的一个环节，同时也是橱柜生产的第一道工序。在橱柜行业中，工厂进行裁板也被称为"板材开料"。现如今大型专业化的企业，通常采用电子开料锯进行裁板。电子开料锯可以通过电脑进行加工尺寸的输入，由电脑来控制选料尺寸的精度。这类设备性能稳定，切割出的板材不仅在尺寸上精确无误，而且在外观上也不存在崩茬（板材基材暴露在外）的现象。而手工作坊型的小厂通常采用小型的手动开料锯，甚至于使用木工开料锯搭一个简单的操作台，设备简陋，不仅开出的板材尺寸误差大（通常在1mm以上），而且会经常出现崩茬的现象。

裁截板材的精确度是橱柜制造的第一要求。一些大型的橱柜制造企业通常会采用电子裁板机与垂直数控裁板机来保证板材尺寸的精密度，使其误差控制在0.2~0.4mm。

在裁板的同时能够对板材进行铣边处理的设备能防止板块延边缺口，以此来体现橱柜的高超质量。橱柜的板材表层一般会粘一层阻燃材料（如三聚氰胺耐火板贴面），在裁板时很容易造成缺口现象，如果采用自动双边铣边，就能很好地保持板材表面的光洁平整，从而为下一步工序打好基础。

（2）封边

封边工序是橱柜制造业的主要工艺要求。通常板材的断面都需要做封边处理，而封边的手段和方法往往决定了橱柜外观质量的高低。

市面上的全自动重型封边机可以自动加温、加压、封边、多头粗铣、精铣、圆弧自动跟踪以及抛光等工序。全自动重型封边机的所有加工工序均由电脑设置自动完成，经过全自动重型封边机处理后的封边不仅牢固度高，而且外观平整光滑，具有较高的美观度。现市面上存在的封边设备中，全自动重型封边机是最先进且技术含量最高的封边设备。

封边设备的工作过程通常为：上胶封边→修边→圆头修边→刮胶→抛光。

一般而言，影响封边质量的元素一般包括以下几个部分：

① 设备。由于封边机的电动机和履带不能完美配合，使得履带在运行过程中不平衡（呈波浪状），从而使封边条和板端面之间产生附加应力，最终造成封出的边不平整，不利于设备修边；涂胶辊与送带辊之间配合不够，造成涂胶不匀或缺胶现象；修边刀具与倒角的刀具调整不够，需要后期人工修边，因此而造成修边质量的降低。总而言之，由于设备调试、维修以及维护水平的缺失，从而造成的质量问题普遍存在。

② 材料。作为基材使用的人造板，往往在厚度的偏差上不能达标，多呈正公差状，而且常超出公差的允许范围（允许公差范围为0.1~0.2mm）；除此之外，在平整度上也很难达到标准，这使得压紧轮到履带表面的距离很难掌握。当间距过小时，容易造成压得过紧，应力增加，而产生开胶的情况；当间距过大时，又不能确保封边条与板端的牢固结合。

③ 加工的精度。在材料的加工过程中，其加工误差主要来自开料与精裁。在加工过程中，往往存

在设备系统误差和工人加工误差，这使得工件端面不能达到绝对的水平，与相邻面也不能保持垂直状态。因此，封边时出现封边条不能与板断面完全接触，封边后出现缝隙或基材暴露的情况，使得美观度大大降低。更甚至于，基材在加工过程中出现崩口的情况，一旦出现此类情况，单纯依靠封边将无法修饰。

④ 封边材料。现如今市场上所采用的封边材料大多为PVC，此类材料容易受到环境影响。冬季时，温度降低，对胶的亲和力大大降低，加之贮存的时间较长，表面已老化，对胶的粘合强度将会大大降低。对于纸质厚度很小的封边条，由于其韧性一般较大，厚度又太小（如厚度为0.3mm），容易出现封边条切口不齐、缺乏胶合强度以及修边效果差强人意等缺陷。

⑤ 胶黏剂。封边使用的胶黏剂一般为专用的封边热熔性胶。冬天温度过低时，为了保证其胶合强度，胶的温度应当提高。如果温度过高（超过190℃），会造成胶过稀，胶层会变薄，等胶涂到板端面时已经降温，再加上封边条的温度过低，容易造成封边强度的明显下降；倘若温度降至170℃，胶的粘稠度会有所上升，但封边条的温度会更低，胶合强度也将不够；温度再低，胶就无法熔化。在橱柜生产与制作中，这类矛盾十分突出，也很难解决。

除此之外，封边的质量还受到多方面因素的影响，譬如设备的状况、操作人员的熟练程度、原材料的基本状况等，一般需要注意的方面包括以下几个部分：

① 实木封边材料的含水量不能过高，在储存环境上应当尽量选择阴凉干燥的区域，基材要求干燥无灰尘，最佳的含水量为8%~10%。

② 由于封边的速度很快，胶黏剂在低压力的状态下需保持优良的扩散性以及对基材的渗透性。除此之外，还需具有很好的初黏性，使其在短时间内的压力作用下迅速胶合，并且粘贴牢固。使用时还需确保热熔胶在温度上保持正常值，长时间温度过高会使胶分解；长时间温度过低也会使胶达不到良好的流动性，在具体使用时需掌握好供应商所提供的数据。

③ 热熔胶的涂胶量应当以使得胶合部件外边略挤出一点胶为准。当胶过多时，会使封边处有一条黑线，而影响美观；当胶过少时，会使胶合力不够，从而达不到预期效果。为了检验胶膜是否连续，可采用透明的硬PVC带测试；也可采用普通封边带封边，趁胶没完全冷却前将封边带撕下来检验。

④ 加工时，室内温度不宜过低，一般控制在15℃以上为宜。当封边带过厚时，其柔韧性会降低，此情况下要确保预热装置正常工作，如果没有预热装置，则可采用电吹风加热的方法使得封边软化，此方法尤其适合曲线封边。当使用电吹风加热时，加工车间不宜存在过堂风。

⑤ 封边带的质量高低直接影响其封边的效果。采用质量好的封边带封出的产品封边处严密，而质量差的封边带封出的产品封边处往往都存在缝隙。厚的封边带从断面上看，胶合面的中部应当稍稍比两边凹出一点，此类封边带封出的产品封边处较为严密，效果理想。

⑥ 针对于封边机无前铣刀装置的使用厂商而言，未封边的半成品裁切质量也很大程度上影响了封边的效果。一般厂商为了防止产品出现爆边的情况，在裁切时会使用刻痕锯（即小锯片），裁切后的最好效果应为断面处能看到刻痕锯的锯痕但用手却感觉不到。当刻痕锯的锯痕太深时，封边会封不牢，封边处会看见一条黑线甚至缝隙，从而影响视觉美观；刻痕锯的锯痕过浅又容易引起爆口。

⑦ 当采用厚封边带封边时，封边机的压料辊应松紧适宜，避免过紧。由于封边带在长度上比工件稍

长，当压料辊压住封边带长出的部分时，给封边带一个垂直于进给方向的力，此时由于胶尚未完全固化，胶合力度还不够，容易出现尾部松开而粘不牢的情况。

现如今，我国橱柜行业的封边工作大多在封边机上完成。封边机从自动化程度上可分为手工、半自动和全自动。相对应来讲，曲线封边较复杂，多采用手动封边机、半自动或全自动的数控封边机来完成。

封边配置的选择主要取决于待加工对象的形状特点以及封边材料的具体类别，与此同时还需考虑其生产率以及质量等诸多问题。

直线封边常于与造型相对简单的产品上（如办公橱柜），在具体配置时需重点考虑其产量以及部分功能的增减。譬如对实木封边条，需加装精修刀以及砂光装置；对 PVC 或 ABS 类型的封边材料需加装刮刀；为了降低天气气温对于封边质量的影响，最好采用配置远红外热装置的封边机进行封边。

曲线封边可采用多种方法进行加工。目前最常见的是采用手工封边机进行曲边部件的加工，尤其是带有内弧的板材部件，封边机靠轮的直径将直接决定可加工最大曲线的深度。使用手工封边机进行曲边封边具有操作易、耗资少的特点。但同时也由于其采用的是手工封边，相应的封边质量也不会高（主要表现在胶合强度低、精度差、返工率高等方面）。与此同时，手工封边机在面对常用的厚型封边条（1.0~3.0mm）封边时，会相对困难；而针对薄封边条（0.4~1.0mm）则可以灵活进行直、曲线加工。通常情况下，将手工封边机与自动直线封边机配合使用即可满足一般产品的要求。

为了提高曲线封边的质量水平，需使用数控封边机或者数控加工中心，在处理一些较特殊的曲面时，这两种机器可以在封边上显示出独特的优势。譬如使用封边带长度计数器可最大限度地减少圆周封边的缝隙，更适合在高档橱柜制作中使用。数控封边机或者数控加工中心的主要区别是，后者可以完成从素板锯裁到最后零部件成型的全部工作；而前者只能完成封边以及齐边的工作。使用数控加工中心进行封边的最大缺点是封边时间在总加工时间中所占的比例过大，从而降低了整个工作效率。

（3）钻孔

现如今的橱柜大多依靠三合一的连接件组装而成，因此需要在板材上钻出多个用于定位的连接孔。其中孔位的配合以及其精度都会影响整体橱柜箱体结构的牢固程度。在国内，大多专业性的橱柜生产厂家多采用32mm模数的多排钻来一次性完成一块板板边以及板面上的多个孔。这些孔都使用相同的定位基准，确保了尺寸的精度。手工小厂商大多使用排钻，甚至使用手枪钻来打孔，这类打孔方式所造成的误差大，效果差强人意。除了孔位的配合以及其精度的准确以外，抽屉滑道的安装也是关键。这些看似很小的细节，却对橱柜质量有着至关重要的影响。倘若孔位与板件尺寸在配合上出现差错，会造成抽屉左右松动或拉不动的情况。

橱柜制造商大多采用六排钻进行打孔（橱柜的每块板材都需定位钻孔，以便于采用连接件进行柜体组装），六排钻可从侧面、正面一次性完成钻孔工作，如此既能提高工作效率，也为后期箱体的顺利组装打下良好基础。

3. 柜体加工工艺对于橱柜质量的影响

不同的加工工艺对于橱柜质量的影响，见表5-1所示。

表5—1 不同柜体加工工艺对橱柜质量的影响表

项目	先进设备生产	一般设备生产	手动机器设备生产
柜身下锯	采用先进全自动电子开斜锯以确保板件加工的精度	人力推台锯，锯保持不动，板动，用人工推拉不能匀速前进，容易出现不垂直和错齿等情况，倘若锯推拉过快会导致崩齿	用手提电锯，板材加工精度会受到操作人员的技术水平限制，质量不能得到确保
柜身打孔	采用先进全自动数控多排钻一次性纵向、横向打顶、底板以及侧板孔，包括铰链座孔以及柜身内隔板孔，可打一排隔板孔，而且孔间距相等	采用普通单排钻，不能实现一次性打顶、底板以及侧板孔，一块板打三次孔，容易导致柜身顶、底板以及侧板不平，隔板孔只能打3~5个，导致铰链座孔打不上，铰链座安装歪斜，门板不正等情况	用手提电钻打孔，铰链座孔座、隔板孔均为人工打孔，其精确度相对较差，孔的边缘由于不是垂直打孔，容易导致边缘崩齿严重，且孔位线布置存在铅笔划痕等情况
柜身封边工艺	采用先进全自动数控封边机，首先机器把热熔胶涂抹在柜身上，同时加热封边带、热熔胶与加热封边带结合，机器施压，力度大而均匀，粘接牢固	普通半自动封边机。热熔胶涂于封边带上，而柜身不加热，热熔胶与柜身不结合，人工施压力度不够，黏度降低，不牢固，容易开胶	用手提封边机，人工涂冷胶，人工施加压力不均匀、力量小，胶粘不牢，严重开胶
柜身修边	机器自动切割封边带，自动修边，跟踪倒角、铣圆，抛光轮抛光，手感润滑，使封边带与柜身融为一体	人工用壁纸刀切割封边带，上下修边用壁纸刀斜切修掉，封边带表面处理粗糙且有划手感，无法修成圆弧状	人工用壁纸刀切割封边带，上下修边用壁纸刀倾斜修掉，使封边带表面处理粗糙有划手感，无法修成圆弧状
铰链安装	铰链杯孔以及铰链座孔，孔内均放置胀塞，使得螺钉更加牢固，不易使门板脱落，安全性更高	铰链杯孔以及铰链座孔不放置胀塞，使用螺钉与板材直接咬合，时间长螺钉易松动，会造成门板脱落，安全性能差	铰链杯孔以及铰链座孔不放置胀塞，使得螺钉与棉线材直接咬合，时间长螺钉易松动，会造成门板脱落，安全性能差
滑轨安装	滑轮孔由全自动数控六排钻打孔，机器在侧板上对称一次性打孔，使两侧板上滑道孔平行，滑动顺畅，且进口滑道承载能力强	滑道孔全部由人工画线打孔，易导致两块侧板上的滑道孔不平行，安装的抽屉推拉不自如，且国产滑道承载能力差，噪音大	滑道孔全部由人工画线打孔，易导致两块侧板上的滑道孔不平行，安装的抽屉推拉不自如，且国产滑道承载能力差，噪音大
门板拉手安装	拉手孔全部由全自动数控六排钻打孔，使拉手平行或垂直，门板防撞垫也是由机器打孔，所安装的防撞垫不易脱落	拉收孔全部由人工打孔，孔距不标准，门板防撞垫也是由人工打孔，所安装的防撞垫易脱落	拉收孔全部由人工打孔，孔距不标准，门板防撞垫也是由人工打孔，所安装的防撞垫易脱落

5.2 门板加工工艺

橱柜门板从材质上分类一般可分为烤漆门板、吸塑门板、实木门板、三聚氰胺门板、水晶门板以及防火板门板等几大类别，这里将分别介绍。

1. 烤漆门板的一般工艺流程

烤漆门板的一般工艺流程，如图5-1所示。

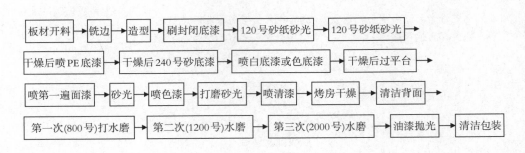

图5-1 烤漆门板的一般工艺流程

2. 烤漆门板质量比较

在60W的日光灯下，视角保持60度方向观察，如果门板的主视面流平性好，漆膜丰满且覆盖均匀；边角不存在流挂，没有透底，造型精准；随目光流动，没有局部亮斑，无明显抛光痕迹，且漆膜硬度与表面附着力都达到要求的门板为优质烤漆门板。

5.2.1 烤漆门板工艺流程

从工艺上说，烤漆门的工艺复杂，其需耗费的工序时间一般较长。烤漆门板一般需要经过"三底、三面以及三磨"等复杂工序，最后还需在45℃~60℃的高温烤箱内烘烤6~8h，直到表面完全干燥为止。烤漆后的门板与普通喷漆门板相比，其表面硬度与漆膜亮度均有明显提高。从烤漆形式上来看，烤漆门板又可分为单面烤漆门板与双面烤漆门板。

其中用以判断和检查表面硬度与附着力质量的方法包含以下几种：

（1）表面硬度铅笔检测法：使用2B铅笔在检测面正常用力划过，再用碎布擦拭，若无明显划痕则为性能优良。

（2）附着力检测划格法：使用玻璃纸刀在检测表面划1mm×1mm大小的方格，再用粗糙的纱布加以摩擦，若表面无脱落，则为性能优良。

（3）表面硬度冲击检测：采用50g的砝码悬挂在1m高度，水平拉紧后再无外力释放，使砝码钟摆状冲击门板，若门板无露底且没有漆膜脱落下陷，则为性能优良。

5.2.2 吸塑门板加工工艺

（1）吸塑门板工艺要点

吸塑门板表面大多采用PVC膜或3D膜，基材大多采用18mm厚度的中密度纤维板为主要材料，基材通过镂铣后，在大约170℃的高温环境下将表层吸塑而成。吸塑门板色彩效果逼真，色彩持久，不易老化，容易清洁。

（2）吸塑门板加工流程

吸塑门板的常见加工流程，如图5-2所示。

图5-2 吸塑门板常见加工流程

5.2.3 实木门板加工工艺

实木门板在高档橱柜中广泛应用，但由于实木门板的材料是天然木头，因此较容易出现开裂或变形等情况。实木门板的常见加工流程，如图5-3所示。

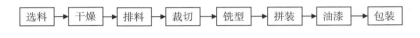

图5-3 实木门板常见加工流程

5.2.4 三聚氰胺门板加工工艺

三聚氰胺门板在防火、防水性能，以及表面色彩的持久度上都不亚于其他类型的材料，且性能稳定不易变形，价格也不高，适合各种价格定位的橱柜。三聚氰胺门板在表面质地上可加工成高光、亚光、皮纹以及布纹等多种类型。三聚氰胺门板的加工流程，如图5-4所示。

裁板 → 封边 → 打孔

图5-4 三聚氰胺门板常见加工流程

5.2.5 水晶门板加工工艺

水晶板门板一般是在厚度为2~3mm的水晶板背部喷上珠光油漆，再将其粘贴在厚度为16mm的中密度板上，最后进行封边、修边、抛光的工作，使其成型的门板。由于水晶板（有机玻璃板）一般强度不够，因此水晶门板并不耐磨，也不耐高温，抗击能力也不够，不太适合在厨房使用。

5.2.6 防火板门板加工工艺

防火板门板的生产工序一般包括以下几个步骤：单贴平衡板→开长条→铣圆弧→防火板下料→防火板贴面→生成型→修边→清理→精裁→机器封边→清洁→备货。

防火板台面的生产工序一般包括以下几个步骤：素板贴平衡板→下料→铣圆弧→防火板下料→防火板贴面→生成型→下毛料→铣净料→封边→清理→备货。

5.2.7 顶线加工工艺

顶线主要是防火板成型或者包贴装饰条等，防火板后成型顶线生产，工序与防火板台面工序相类似，装饰条顶线的生产过程大致可分为以下三个步骤：下料→铣型→包贴。

5.2.8 踢脚板加工工艺

踢脚板主要分为饰面板、防火板、塑料板、金属板等类型，其中前两类主要的加工工艺为下料→封边，后两类则大多为标准条件安装。

5.3 台面加工工艺

现如今市场上橱柜台面所采用的材料有防火板、天然大理石、不锈钢、人造大理石等多种类型。人造大理石为主要材料制作的台面不仅具有天然大理石的质感与硬度，而且可以做到无接缝，因此广受欢迎。以下将主要介绍人造大理石的制作工艺。

5.3.1 加工前的准备

1. 劳动保护

由于人造石的构成材料特殊，因此在加工途中通常会有灰尘。在加工过程中应当提高自我保护意识，避免吸入过量粉尘而影响健康。加工人造石的车间需要保持明亮通风，作业者需要佩戴口罩以及工作帽，最好戴上隔音耳罩和护目镜。

除此之外，在使用固化剂时需格外注意，一旦出现溅入眼睛或皮肤上的情况时，应当立即停止作业，使用清水清洗。胶水粘到皮肤上时，可使用酒精或者信纳水清洗。

2. 主要加工工具

人造石的加工方法和实体木材的加工方法相似，所使用的加工工具也基本类似，主要包括开料用的镂机，镂机所配用的镂刀、打磨机、角磨机以及抛光机，用来紧固的A形夹、G形夹以及F形夹，安装所采用的电钻等工具。

在使用工具之前须仔细阅读说明书，以充分了解工具的使用方法，确保处于最好的工作状态，及时做好工具的保养及维修工作。

5.3.2 加工

1. 开料

在开料前应当仔细阅读台面的施工图纸，并且准确地计算出用料，充分了解所选用的人造石板材的颜色及造型特征。在选料的颜色上应当与图纸上保持一致。在一切准备就绪之后，才能选择开料所用的工具，进行下一步的开料。

现如今最常见的开料工具为镂机以及平面锯床。当使用镂机开料时，应当注意工作面的平整度以及其是否能够充分支撑，避免在开料图中出现滑落的现象。如果采用的是开料锯进行开料，则需注意开料的锯片应当保持足够的锋利，在切割时要保持匀速（尤其是在最后400mm处），以避免损坏石材。

2. 胶合

在选择胶水时应当根据不同的板材来选择相应的胶水颜色，切忌混用和滥用。除此之外，还需注意胶水的限用日期，避免使用过期胶水。一般而言，没有添加固化剂的胶水可保存 90 天，加入固化剂的胶水应当及时使用。胶水与固化剂都应当保存在阴凉通风处并密封保存。在调配胶水时，应当严格按照其调配比例操作。

在胶合人造石板材时应该注意以下几个部分：

① 人造石板材不能采用树脂胶水进行粘接，否则会难以固化，出现断裂现象。

② 人造石板材应当配置同色胶水，且胶水袋上的编号应当与板材编号相一致。

③ 在常温下，胶水 20min 即可固化，在胶水固化后即可开始打磨。

④ 在使用加入固化剂的胶水时应当充分搅拌，搅拌的时间一般为 40~60s。

⑤ 确保接驳处胶水充分，但也应当适可而止，避免胶水浪费。

⑥ 当温度为 25℃时，普通胶水打磨时间通常为 60min。

3. 平面拼接

在拼板前应当检查板材的接驳面是否平齐。一旦接驳口不平齐吻合，将会导致接驳出现明显的胶痕，直接影响接驳的质量和美观。除此之外，在粘接辅助块时，应当在被接驳的两块板材正面接驳边缘处使用瞬间黏合剂（比如 502 胶水）固定接驳时用的板材小块。固定的板材小块数量以及接驳边缘的距离，应当根据接驳的面积以及所选用的紧固工具而决定。

4. 边垂叠粘

在进行边垂叠粘时需审核设计图纸中的边形设计，制作边线时可垂直或者分开几层来进行黏合，黏合板应当是"底"对"面"的黏合状态，切不可"底"对"底"或"面"对"面"。

根据边线宽度，将用作固定的小面材块用瞬间黏合剂黏合在台面上，再在清洁的台面或者边垂面上涂上已经调配好的胶水，并尽快采用 A 形夹或者 F 形夹使之固定。在固定时，应当留意对接驳面边缘的叠合性。在使用 A 形夹或者 F 形夹的途中，应当注意夹子之间的距离，控制在 100~120mm 为宜，夹子的着力点应当处于正面 1/3 处为宜。

等胶水完全硬化后把所有固定的工具取下，再用角磨机或者镙机把边缘处多余的胶水磨平，最后依照设计的要求，选用不同的刀具将边线雕刻出大致雏形。

5. 后挡水的接驳

在进行后挡水接驳的时候需确认设计图纸对于挡水的具体要求，并检查挡水条的尺寸是否正确。常见的后挡水的接驳方法有以下两种：

方法一：

先将标准挡水的其中一条和台面黏合好，粘接前先要检查好对接面的吻合情况以及保持接驳面的清洁。然后再使用镙机在黏合好的挡水条上将圆弧镙出来，建议使用 1/2×7/8 的圆底镙刀。

圆底刀与台面的距离以圆底刀顶端距离台面处仅能轻松抽动一张 A4 打印纸为宜。

将圆弧镙好后再清洁剩余部分，将另一条挡水条黏合在圆弧形挡水条上方，等胶水完全硬化后，再用镙机雕刻挡水条上部的弧形或者其他图形，最后进行打磨抛光即可。

在处理转角处的弧形时，可在挡水条的一端粘上与之宽度相同长度的 25mm 宽的小条，待硬化后用镙刀加工出圆弧即可，如图 5-5 所示。

方法二：

在开第一条挡水条时，将圆弧镙出，并在板上用T形刀镙出3mm×25mm的边形，最后将圆弧的挡水条黏合上，如图5-6所示，这类方法尤其适合颗粒较大的板材。

6. 水盆的接驳

（1）接驳前的准备

在人造石台下盆粘接时，需检查水盆或者水盆开孔样板的规格是否与图纸相符，确保水盆在台面上的位置以及粘接的方法。仔细检查水盆盆口处是否平整，检查的方法是将板材平放在工作台上，再将水盆反扣，采用A4打印纸检查，具体操作如图5-7所示。一旦纸张能插入接缝处，则说明接驳的不吻合，必须再修整盆口。

具体修整方法是采用120#较宽的砂带平放在平整的工作台上，再将盆口在砂带上摩擦，直到盆口与台面完全吻合。

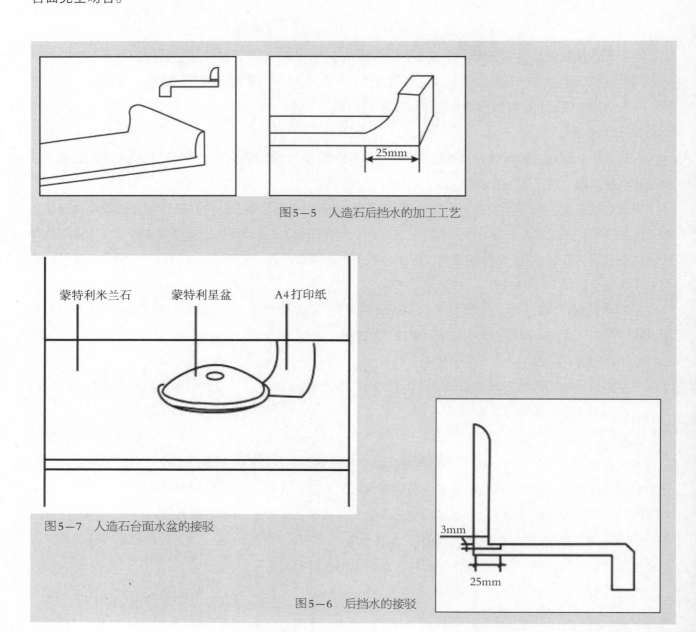

图5-5 人造石后挡水的加工工艺

图5-7 人造石台面水盆的接驳

图5-6 后挡水的接驳

（2）下嵌水盆

① 依据图纸来确定水盆的具体位置，并在台面的方面画出纵横的两条中心线，再以与中心线对齐的方式将水盆放置好。（图5-8）

② 在水盆的边缘处采用瞬间黏合剂，最常用的是502胶水，以固定小方块作辅助定位，并在方块上与水盆边缘标记拼接符号。

③ 清洁水盆与板面接驳口。

④ 将调配好的胶水涂在接口处，再按小方块上的标记把水盆粘合在台面上，在水盆上使用约8kg重的物体重压水盆，重压时需保持水盆的受力均衡。（图5-9）

⑤ 待胶水完全硬化后，方可将水盆上的重物移开，将台面反过来，用修边刀将水盆口内的多余部分板材用镙机镙掉，最后按照设计上的要求选用不同刀具来雕刻造型，如图5-10所示。

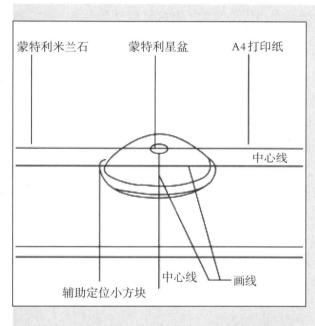

图5-8 下嵌水盆示意图a

蒙特利米兰石　蒙特利星盆　A4打印纸

中心线

中心线　画线

辅助定位小方块

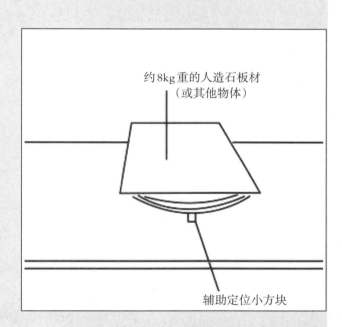

约8kg重的人造石板材（或其他物体）

辅助定位小方块

图5-9 下嵌水盆示意图b

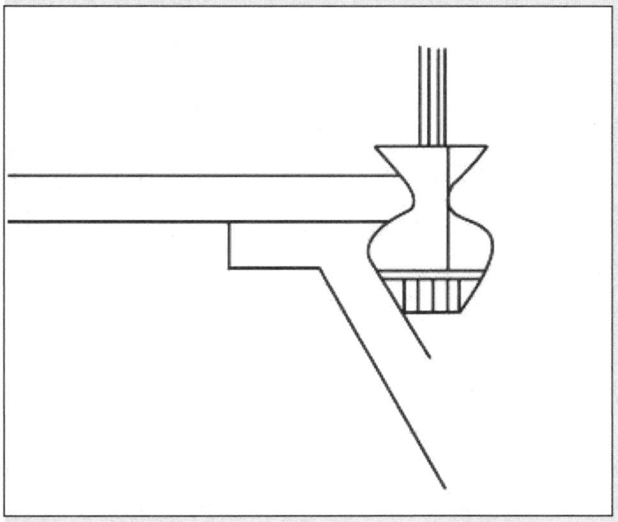

图5-10 人造石台面边部铣形加工

（3）上嵌水盆

使用平接工艺的台面水盆十分美观，但其工艺要求较高。具体接驳步骤如下：

① 需仔细检查水盆的外沿口是否均匀，使用角磨机进行外沿修理，使外沿口均匀并使水盆口平面与外沿立面垂直，如图5-11所示。

② 将水盆按照图纸所规定的尺寸反扣在板的反面，并在板面上画出盆外沿线，如图5-12所示。

③ 测量出水盆的盆口宽度，并减去盆壁的厚度，按此尺寸在外沿线均匀缩小并用曲线锯沿此线锯下。

④ 将板反过来，将下面向上把水盆放在锯好的孔里面画出外口线，如图5-13所示。

⑤ 调节好曲线锯底盘的角度，将板面沿水盆外沿线锯割成上小下大的梯形面，再将水盆放在孔里，检查接驳口，并用角磨机将不吻合的区域仔细修整好，注意盆口比台面高约1mm。

⑥ 取下水盆，并清洁接驳口，在板的反面贴上单面胶，使用与板相同颜色的胶水粘接，等胶水完全硬化后，再用砂带机将高出的区域磨平即可。

⑦ 一旦水盆外口与板接驳存在缝隙，就必须使用台面板材小嵌条来填补水盆与板材之间的缝隙，如图5-14所示。

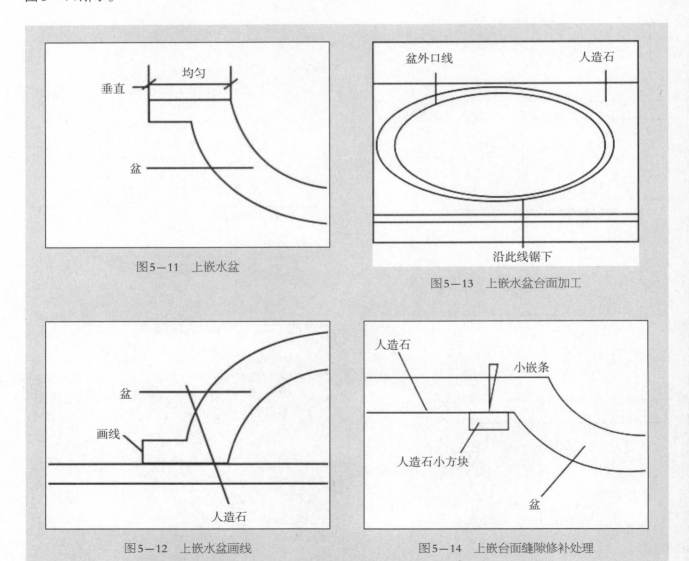

图5-11　上嵌水盆

图5-13　上嵌水盆台面加工

图5-12　上嵌水盆画线

图5-14　上嵌台面缝隙修补处理

7. 炉具开孔工艺

台面炉具开孔的基本工艺要求如下：

（1）炉灶边沿距离接驳口不宜少于80mm，与前边、后边的距离不宜少于50mm。

（2）炉灶孔切割时四角应当为圆角且R≥20mm，必须使用镖机平滑，镖机行走不到的地方使用磨机或者砂纸使其平滑，炉灶孔边缘、上下边都需采用小镖机修成平滑小圆且R≥8mm，不得留有锯齿口，以防止开裂。

（3）炉灶孔边缘与炉具四周应当留有不小于6mm的间隙，以便于散热。

（4）炉灶四周边接100mm的人造石加强板，增加炉灶孔四周的抗压能力以及抗裂能力。

（5）炉灶四周应当接铝箔，以防止热辐射。在炉灶口上表面应当加上硅胶条，用以隔热炉灶面的热量以及防止渗透，如图5－15所示。

（6）台面支撑架与开孔的边缘之间距离应以50~75mm为佳。

（7）倘若是安装四头炉的台面，则炉灶的四周都需加固，同样上下都必须磨圆。

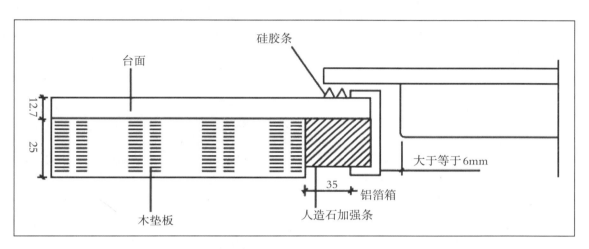

图5－15　炉具开口处台面的隔热处理示意图

8. 打磨及抛光

（1）打磨

打磨的过程切忌心急，应当循序渐进进行，从低目数的干磨砂纸到高目数的精细水磨砂纸，一次次仔细打磨。在进行不同目数的砂纸更换时，应当把上一道工序砂纸打磨出来的灰尘清除干净，再仔细观察打磨痕迹。一般而言，打磨的方式分为手工和机器打磨两种。

① 机器打磨。机器打磨的打磨方向为纵横向，并以打磨片半径为距离平行移动，在砂纸选择的次序上依次为120＃、240＃、360＃，再采用不低于1000＃的水磨砂纸，采用木块垫平水磨，以便于台面受力均匀。

② 手工打磨。手工打磨砂纸选择的次序通常是由粗到细，依次为80＃、180＃、320＃、400＃、600＃、1000#、1200＃、1400＃。

（2）抛光

将打磨好的台面使用湿抹布进行清洁，然后再进行抛光。抛光通常采用的抛光蜡为条蜡和液体蜡。

使用条蜡进行抛光时，会将条蜡放在已经启动的抛光机的羊毛圈上进行摩擦，再将涂有抛光蜡的羊毛圈在台面上来回移动。条蜡不适合用于角落抛光处理，遇到转角处可直接使用干净的抹布涂上抛光蜡擦拭。

使用液体蜡进行抛光处理时应当注意对粗蜡（研磨蜡）和细蜡（抛光蜡）进行区分。应先将粗蜡均匀涂在台面上，再用干净的抛光圈进行抛光，待结束后用干净的布清洁台面，最后涂上细蜡进行抛光处理。使用抛光蜡进行抛光处理时，应当注意力道的均匀以及抛光速度，抛光后的手感应当平滑且视觉效果好。

打磨和抛光的工艺是否精细，直接影响整个产品的价值，也反映出了企业的技术水准。因此，打磨和抛光是不可忽视的一道重要工序。

（3）质量标准

① 所见光面无砂纸痕迹；

② 前裙应当圆滑、直顺；

③ 涡线没有凹凸现象；

④ 后挡水及台面表面需平整；

⑤ 表面不存在因用力不均或长时间打磨而引起的色差或失真。

测 试 题

一、填空题（请将正确答案填在横线空白处）

1. 三聚氰胺饰面板的钻孔设备一般为木工多轴排钻，其中排钻的孔距为_____mm。

2. 三聚氰胺板橱柜的孔位大多可分为三类：定位孔、五金件安装孔以及_____。

3. 在材料的加工过程中，其加工误差主要来自_____与_____。

4. 在常温下，胶水_____min即可固化。

5. 封边时室内温度不宜过低，一般控制在_____℃以上为宜。

6. 三聚氰胺板的裁板锯由主锯与刻痕锯组成。目前我国对于裁板精度的控制范围为：长度上 <1000mm，允许误差在±_____mm以内。

二、判断题（下列判断下列说法是否正确，若正确请画"√"，错误请画"×"）

1. 封边处理仅仅是为了达到装饰美化的作用。（   ）

2. 在安装下嵌水盆时，需在水盆上使用约8kg重的物体重压水盆，重压时需保持水盆的受力均衡。（   ）

3. 在60W的日光灯下，视角保持60度方向观察，如果烤漆门板的主视面流平性好，漆膜丰满且覆盖均匀，边角即使存在流挂也不影响。（   ）

4. 在使用A形夹或者F形夹的途中，应当注意夹子之间的距离，控制在50~80mm为宜，夹子的着力点应当处于正面1/2处为宜。（   ）

5. 水晶板（有机玻璃板）一般强度不够，因此水晶门板并不耐磨，也不耐高温，抗击能力也不够，不太适合在厨房使用。（   ）

6. 人造石板材不能采用树脂胶水进行粘接。（   ）

7. 在进行边垂叠粘时需审核设计图纸中的边形设计，制作边线时可垂直或者分开几层来进行黏合，黏合板应当是"底"对"底"或"面"对"面"的状态。（　　）

三、单项选择题（每题的备选项中，只有 1 个是正确的，请将其代号填在横线空白处）

1. 炉灶孔边缘与炉具四周应当留有不小于_____mm的间隙，以便于散热。

　　A. 5　　　　　　　　B. 6　　　　　　　　C. 7　　　　　　　　D. 8

2. 炉灶四周边接_____mm的人造石加强板，以增加炉灶孔四周的抗压能力以及抗裂能力。

　　A. 120　　　　　　　B. 100　　　　　　　C. 80　　　　　　　D. 60

3. 一般而言，没有添加固化剂的胶水可保存_____天，加入固化剂的胶水应当及时使用。

　　A. 30　　　　　　　B. 60　　　　　　　C. 90　　　　　　　D. 120

4. 炉灶孔切割时四角应当为圆角且R≥_____mm。

　　A. 10　　　　　　　B. 20　　　　　　　C. 30　　　　　　　D. 40

答　　案

一、填空题

1. 32　2. 螺栓连接孔　3. 开料　精裁　4. 20　5. 15　6. 0.25

二、判断题

1. ×　2. √　3. ×　4. ×　5. √　6. √　7. ×

三、单项选择题

1. B　2. B　3. C　4. B

近年来，随着家具行业的整体发展，人们消费要求的提高，橱柜也成为一个独立的产品，对于每个家庭来说都是不可缺少的家具，但对于消费者而言，仍还属新兴家具，人们对整体橱柜的维护保养知识的了解还不足。

本章介绍了现如今市场上常见的橱柜安装技巧，以及对注意事项做出了说明，并对橱柜的维护和保养知识做出了简单讲解。

6.1 现代橱柜安装

6.1.1 安装工具的选择和使用

橱柜安装最主要的工具有尺、钻、锯、开孔器、水准仪等，选择使用时一定不能选用劣质工具，否则不仅影响安装质量，也会不安全，同时由于劣质工具使用寿命短，实际上花费更多。

6.1.2 安装前厨房环境验收

厨房环境验收是安装前必须做的重要步骤，验收的总体要求是：厨房环境的最终工况布置应与事先确定的设计方案和双方商定的合同规定一致，没有影响橱柜安装的变更；水、电、气工况布置经实测合格并便于厨房安装后的维修；无环保和其他隐患。

1. 施工质量与尺寸精度

（1）厨房土建装修后的环境要求：墙面平、直，角度为90°±1°；墙面及地面装修材料应符合国家环保和安全规范要求。

（2）厨房土建装修抹灰后或贴瓷砖后，厨房内相对墙面的净空尺寸符合建筑模数，并与设计净空尺寸的施工误差为正公差且≤50mm。

（3）安装厨房的墙面应贴满瓷砖，橱柜背后铺瓷砖主要是从以下五个方面考虑：

① 从防水方面考虑。所有的防水层都必须与地墙接连，这样的防水才能算是真正的防水。同时，瓷砖是防水层最好的保护物，没有瓷砖层保护，防水层就会很快老化而失去防水效果。

② 从美观方面考虑。由于瓷砖的规格不同，所以橱柜地柜台面不一定与瓷砖的接缝吻合。比如，很多厨房的瓷砖铺设到了接近地柜的位置都不与台面相平，如果做了柜体才处理，势必要切钻，影响美观。

③ 从防潮方面考虑。特别是在南方，因为比较潮湿，橱柜的背面容易发霉，而厨房用水的地方更为厉害。柜体后面有瓷砖可以减弱潮气对柜体的直接伤害，从而减少柜体发霉的可能。

④ 从受力方面考虑。柜体背后贴瓷砖，有利于瓷砖的整体保护，即使大力在台面上剁动，也不会直接震动瓷砖。如果瓷砖架构在橱柜台面上，必然会受力振动，使瓷砖破裂或脱落。

⑤ 从安全方面考虑。安装吊柜的背面贴满瓷砖才能确保吊柜安装后的平直、美观和牢固，防止吊柜因受力不均而跌落伤人。

2. 管道布置

（1）厨房宜采用三表出户。需在厨房内布置时，各种管道（比如给水、排水、热水、燃气等）应集中布置，协调统一设计，采用能够满足维修和安装要求的合理遮蔽措施，不得暗设。厨房内的管道以及接口安装，定位尺寸误差应当为±2.5mm。

（2）在管道布置图中，冷、热水管和洗涤池龙头接口及阀门的安装高度为500mm，以便于洗涤池龙头软管接连。分户洗涤池给水管接口处应当设有阀门，以便于调整水压和方便维修。排水横管距地≤100mm。管道区内给排水立管应设置检查口，检查口距地尺寸为1000mm，并应高于该层洗涤器具上边缘150mm，检查口朝外；北方地区，设在管道区内的给水立管均应做防结露保温，保温层厚度与材料按相关规定确定。

（3）洗涤池排水管按下列原则布置：

① 洗涤池必须配置过滤和水封装置。

② 洗涤池与排水立管相连应优先采用硬管连接，并按规定保证坡度，当受到条件限制时，可采用波纹软管。

3. 燃气环境

燃气表具按户计量，安装方式优先采用高锁表及明装，如将表布置在橱柜内，需经当地燃气管理部门同意，并配设相应的安全措施。

4. 采暖环境

采暖方式可采用集中热源或户式热源的散热器采暖系统。

5. 电气环境

（1）厨房内开关、插座均应选用安全型，电源回路应设漏电保护装置。厨房内配备的电器较多时，应设置专用厨房供电线路，导线采用铜导线（带PE线），应接地线，截面应满足厨房配套电器总容量的安全使用要求。

（2）电气线路布置图中，地柜嵌入电器使用的插座距离地面高度尺寸为300mm，台面使用的电器插座距地面高度为1300mm，与吊柜配合电器的插座距地面高度为2000mm，供油烟机使用的插座距地面高度为2500mm。

6. 热水器环境

应采取严格的安全措施，安装燃气热水器时，应在外墙预留进、排气孔，预留孔的大小应符合相关产品技术要求。

6.1.3 现场组装

1. 安装前的准备

（1）了解用户信息，如安装地址、送货方式、安装时间、用户的喜好以及特殊要求等。

（2）准备好相关的工具，如电源线、安装工具、现场装修工具、卫生打扫工具、应急小配件等均应备齐。

（3）仪表准备，穿好工作服。

（4）认真研读设计图样、柜体表和相应的技术说明。

（5）对设计方案中不懂的部分或明显不利于安装的部分，应及时与设计师沟通。

（6）做好满足设计要求所需的安装准备工作，如对用户自备、需现场安装的设备和部件心中有底，对创新结构的连接方式和美化措施有充分把握，现场管线、插座的避让应有相应的技术保障和材料保证。

2. 安装的总体要求

（1）及时按图清点、查看橱柜部件。

（2）清扫厨房，采取应当的防范措施（如在地面铺一层硬纸板）。

（3）了解用户对安装的要求，协调好与现场装修施工队的关系，切忌与用户发生争执。

（4）在安装过程中发现问题，应首先征询设计师的意见。

（5）在安装吊柜过程中如不能确定墙体内是否有暗管或对暗管的走位不明确，应询问用户或通过用户询问装修施工队。

（6）吊柜与墙体使用吊码连接固定，每一个吊柜至少有两个吊点，保证吊柜牢固，载重安全。

（7）地柜安装应用水平仪校平，门板调整至缝隙均匀，拉手和水槽安装美观、整洁、卫生、无缺陷，抽屉、拉篮等柜内配件安装精确，外观、手感、使用全部达标，最终台面抛光、布胶、细部美化整体到位。

（8）安装结束后做好清洁工作。

（9）接受用户验收，教会用户使用，交代注意事项，请用户在验收单上签字，对于其他施工队同步施工安装的橱柜，应与用户落实橱柜保护措施。

3. 安装步骤

（1）柜体的安装

① 柜体的连接方式。进行柜体安装前需了解柜体的连接方式和专用连接件。在橱柜发展初级阶段，偏心连接件和直穿螺钉组合方法是常见的连接方式，此方式容易使板材断面开裂。由于这两种方式并不需要精密的机械加工设备，一般采用手提电动工具就能操作，所以被中小型的橱柜公司普遍运用。目前较多采用圆榫梢连接方式，它既确保连接强度又能保持箱体内外无钻眼破损，是一种精度较高但需要精良机械作后盾的连接方式。

② 单体柜的安装。橱柜的柜体是典型的板式结构，一个单柜体是一个完整的六面体，所以，单体橱柜一般是由6个面组成。

A. 准备安装

a. 检查板面，看表面是否有划痕，断面是否有爆口，封边条是否粘牢，是否完好无损。

b. 一般柜体开料时是按整套橱柜的板材开的，开料后相同和相似的尺寸往往堆放在一起，所以在单体柜组装前必须对其进行分类，分类时按柜体的序号堆放柜板，以便安装时尺寸不会搞错，同时能提高工作质量和效率。堆放时必须放在铺好的纸板上或地毯上，防止损坏。

B. 柜体板拼接

a. 在拼板时，见光柜体面板不宜采用直穿螺钉的连接方式。

b. 每隔300mm左右装一个暗扣连接件或两个沉头螺钉。

c. 暗扣连接件在安装时，先将连接件的螺母嵌在见光面板上，旋紧偏心件将两极固定。

d. 在拼接顺序上一般是将底板与旁板固定后再固定柜体前挡，接着将背板插入，最后固定后挡板。

e. 调整脚安装时应注意安装在一条直线上，距各端面500mm，一般一个柜装4只调整脚，如果下柜体长度超过900mm，应装6只调整脚。

f. 上柜连接件顶板、底板向内放量0.5mm。

g. 外侧柜体见光面除暗扣外，需加大三个木销孔后加装木销。连接时需加胶水。

③ 地柜柜体的安装。一般情况下，橱柜安装会先安装地柜，这是因为地柜容易定位，并可为橱柜其他部件的安装奠定基础。安装地柜柜体一般应遵循以下规则：

A. 根据总装图的要求预先将各柜体就位，柜体调整脚装好后高度预调为120mm，检查总长尺寸是否和图样一致，同时，将柜体和煤气管、上下水管道、电器插座连接的位置先挖孔切割。所挖的孔，要求圆的一定要圆，方的一定要方，缝隙不能超过10mm。

B. 根据总装尺寸的要求，将柜体按序到位后，将水准仪搁在柜体上面通过调整脚进行水平度调节，务必保证整套柜体在同一个水平面上。

C. 柜体与柜体之间连接固定，将垫板搁在柜体上并固定。

D. 如橱柜款式是L型或U型，在地柜水平度调整好后，先安装转角处的调整板，安装时调整板的板底必须与安装的门板保持一样平。

E. 柜体连接时，一般先用3mm的麻花钻打一孔，但不能打穿柜体，再用螺钉进行固定。

F. 当柜体为大立柜时，为增加强度须在底部另加100mm×40mm×2mm金属扁铁。

G. 安装拉篮时，应离门板内侧面5mm。拉篮底部如无滴水盆应由柜底板内侧向上移20mm处安装，有滴水盆的应由柜底板内侧向上移40mm处安装。

H. 其他功能性五金件，如米箱、垃圾桶、转角拉篮以及烤箱、消毒柜等设备均按说明书要求安装。

④ 吊柜柜体的安装。吊柜柜体由于安装在墙面上，所以必须先检查墙面的垂直情况，可借助于安装好的地柜柜体进行定位和安装。安装时，一般遵循以下规则：

A. 先根据图样所注尺寸，标定一根水平基准线，所有的吊柜垂直方向的位置均按此线定位。

B. 根据图样复核吊柜总长，并与墙体总长度进行误差比较，误差小于10mm的可把误差平均分配在两侧，如误差较大可将误差尺寸分配在吊柜靠墙、门或转角部分，再通过调整脚弥补。

C. 柜体尺寸如大于墙的总长度，则必须修改柜体。改动柜体的原则是：玻璃门、百叶门、吸油烟机上部柜体不能改动，尽量修改开放柜和调整柜，或者改动其他不明显的柜体。

D. 对柜体和煤气管表、电源插座、上下水管道等有关联的部分，必须在吊柜安装前再次准确定位，并进行打孔处理。

（2）门板的安装

门板的安装要做到横平竖直，门板闭合紧密，门之间缝隙小且统一均匀，否则门无法关闭。安装时，一般遵循以下原则：

① 对侧身板与墙壁紧贴的橱柜，门板应从转角处开始安装。如侧身板有未见光面的应从见光面部位开始安装。

② 抽屉的安装。橱柜的抽屉常用弹簧铰链和导轨连接，所以在安装前必须认真检查这些五金件。

③ 门板与台面下沿或压顶条之间的间隙约3mm。相邻门板的间距应为1~3mm，安装好的门板要求上下对齐，左右间隙均匀。门板安装好后，应将铰链盖好。

④ 一般门全部装好后再装抽屉，抽屉从下向上装，抽屉最上边与最下边必须与左右两边门的上、下沿在一条直线上，抽屉两边与门的相邻间隙应一致，抽屉面板与抽屉面板之间的间隙应在2~3mm。

⑤ 门拉手的安装位置应在工厂用专用的设备加工，若客户有特殊要求时，必须征求用户意见，安装时必须根据拉手固定，孔距按拉手实测尺寸确定。

（3）台面的安装

① 台面安装要求

A. 炉灶隔热处理。嵌入式炉灶在安装时需特别注意，如果处理不当，可能会引起较严重的后果，甚至台面破裂。人造石台面的使用温度，即长时间（超过120min）连续使用时的表面接触温度，应不超过70℃。所以，在加工安装人造石台面时，应充分考虑用户的使用环境，采取有效的隔热和散热措施。转角处要用板材托底加固处理。

B. 炉灶的底面与台面之间应保留至少5mm间隙。将炉灶的底面与台面之间的双层锡箔纸做散热处理，锡箔纸的亚光面对炉灶、台面，亮光面相对，并成喇叭口。

C. 对于散热能力强、火力大的炉具，最好是在炉灶下面与台面之间用锡箔纸作隔热处理。

D. 嵌入式炉灶不宜使用灶体下面四角是直角的炉灶，因为开孔处易开裂。

E. 灶具和洗涤池与台面相接处应当用有机硅防水胶密封，不得漏水，并且灶具四周与台面相接处宜用绝热材料保护，以防台面开裂或碳化。

② 台面现场安装应注意的细节

A. 根据多次安装实验证实，能最有效地承托台面的支撑构架是梯形框架结构，相邻支撑板之间的最大距离为300mm。或是在台面的反面用3条宽约80~120mm的木质垫板。安装垫板时应选用硅胶来粘合，不能用螺钉或铁钉固定。

B. 选用梯形构架支撑或条形支撑，主要目的是保证台面板有效地散热。如果使用整块垫板，台面在使用时所承受的热量会长时间地保存在台面内面，使台面受损而留下隐患。而且梯形构架支撑或条形支撑受力效果比整板效果好，主要反映为抗冲击力强。

C. 安装台面前先检查已经安装的橱柜是否水平，如不水平，则在安装台面前必须调平，以保证台面受力均匀。

D. 现场接驳时，垫板的处理方法是将接驳处的一端伸出约100mm，而另一接驳处垫板相应缩进。

E. 在橱柜拐弯处或柜身之间的虚位要加强支撑承托。台面垫板建议使用18mm的防潮板。

F. 在安装台面时，注意台面与墙壁（包括柱、水管、墙角柱等）之间都必须保留好3~5mm的伸缩缝，以避免因热胀冷缩而拉坏台面。安装完后用硅胶将台面四周填封好。在安装垫板时，前裙与垫板之间也要保证2~3mm的距离，目的是保证有效的伸缩空间。

（4）灶具的安装

① 灶具需安排在离可燃物（壁面）150mm处，离非可燃物≥50mm。

② 若上方装有吸油烟机，则其距灶面650~750mm为宜，若上方有其他悬挂物，则灶面与悬挂物之间保持1000mm。

（5）燃气管安装

① 安装前要注意用户所采用的燃气种类是否与铭牌标示的使用种类相同。

② 将胶管扣套在灶具下方的胶管接头上，直至红色记号为止，并束紧胶管扣。

③ 试漏。使用稀薄的中性清洁液（皂液）涂在接头部位，将燃气来源阀门打开，如果有气泡产生，证明漏气，则应关闭阀门，重复以上安装动作。

④ 使用瓶装液化石油气，选用一般家庭使用的低压调压器（减压阀），其压力为2745Pa。

⑤ 如果气源胶管处在灶具的左方，专业人员应将其弯管接头转向左边，并做气密性检查。

（6）消毒柜的安装

① 壁挂式的消毒柜可以根据所需高度（图6-1），在墙壁上埋入孔距为650~700mm范围内的M6膨胀螺栓，再将两只直角挂板用M6螺母分别固定在膨胀螺栓上，最后将消毒柜两只平板装入柜顶挂槽内，调整好间距，将直角挂板导入平板后，用M5螺钉将其紧固为一体（直角挂板上设有两个定位孔，可根据使用的具体情况，进行前后调整安装，并相应选择不同的橡胶脚垫，从而达到整机平衡的效果），安装工作即已完成。

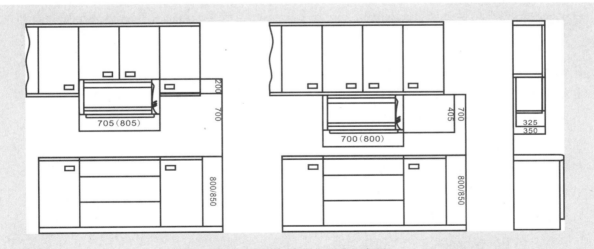

图6-1　消毒柜与厨房吊柜标准组合图

注：图中括号内的数据为ZGD 46—55B，ZG 46-55BGD的尺寸

② 吊挂式消毒柜的安装：

A. 先在具有足够承重的顶面木结构柜板合理位置上，钻开4个Φ7mm的通孔，将4只M6吊挂螺钉分别拧入2只挂板中，自下而上穿入柜板、垫板和Φ5mm垫圈后，用M6螺母预紧连接，使柜板与挂板间留有不少于5mm的间隙。

B. 将平挂板装入消毒柜顶部挂槽中，调整好相对位置后套入2只挂板中，使消毒柜悬挂起来，再将4只挂螺钉上已预紧的M6螺母拧紧，消除挂板与柜体之间的间隙后，安装工作即已完成。

③ 嵌入式消毒柜的安装。将消毒柜推入适合柜体中并按其说明书要求固定即可。

（7）吸油烟机的安装

① 将冲击配钻Φ8~Φ10mm冲击钻头，其他必要安装工具、吸油烟机附件等备全待用。

② 在坚实的墙面确定冲击钻钻孔位置并打孔，牢固预埋膨胀管，将长挂钩用木螺钉紧固于墙上。

③ 用M4×10螺钉，紧固出风罩于主机上。

④ 将止逆阀组件置于出风罩中，用螺钉将弯形风管固定于出风罩上，螺钉应进入止逆阀组件槽中。

⑤ 挂牢主机且不能倾斜，机体后贴墙面，下端略有垫脚缝。

⑥ 安装排气管，要求弯角自如，接口严密，止逆阀叶片启落无阻挡。

⑦ 插入油杯，安装完成。

（8）给水管和排水管的安装

① 给水管与支管连接处均应设一个活接口，各户进水应设有阀门。对于厨房内管线及接口安装，定位的尺寸误差应在 −2.5~+2.5mm 为宜。

② 洗涤池排水管的安装方法：

A. 洗涤池必须配置固体过滤器和水封装置。

B. 与排水立管相连时优先采用硬管连接，并按规范保证坡度，当受到条件限制时，可采用波纹软管。

C. 排水管穿过洗涤池柜处的Φ60mm孔洞，其位置应根据具体工程确定后预留或后钻孔。

（9）安装交付前的自检和细节调整要求

安装交付前的自检后细节调整是在安装工作全部完毕后正式交付前必须要做的工作，它包括的内容有：

① 橱柜的实际结构、布局与设计方案一致。

② 橱柜的实际用材、五金配件与订单相一致。

③ 所有五金配件、电器均按要求安装，均可正常使用。

④ 柜门开关自如，门缝以2~3mm为准。

⑤ 门板无变形，板面平整。

⑥ 柜体之间密缝，无上下前后错落（设计考虑除外）。

⑦ 台面后挡水与墙的缝隙以5mm内为准。

⑧ 台面无色差，接缝以视觉上看不见为准。

⑨ 凡设计中靠墙的柜子与侧面墙的缝隙不大于10mm（排除墙面倾斜因素）。

⑩ 吊码开孔以看不见为准。

⑪ 抽屉、拉篮抽拉自如，无阻滞感。

⑫ 硅胶用胶均匀、平整。

⑬ 柜体管道开孔中心对齐，大小合适。

⑭ 橱柜所有组件无损坏、划伤，无涂划痕迹，无异常附着物。

⑮ 水槽、灶具开孔的大小位置、角度正确。

6.1.4 质量验收与交付

1. 安装质量标准

（1）根据图样测量现场尺寸，复核图样标注尺寸是否与之相符。

（2）连接组合柜体时，台面外沿距离门板外表面尺寸为15~20mm，柜体距离墙面有5mm预留缝隙（防潮处理）。

（3）调节调整脚高度，使地柜上表面水平，1M内垂直误差小于1mm。

（4）确定地柜高度前，应从地柜水平面垂直向下返量尺寸（不应从地面返量尺寸，地面不平），测量现场瓷砖线是否在同一高度，如标高差大于3mm，应跟用户沟通，是按水平安装还是按瓷砖线安装。

（5）吊柜必须用吊码安装，如吊码按瓷砖线安装，可能出现吊柜水平总长度增大现象，或柜体墙面用不等宽的缝隙（侧面有墙时）。

（6）台面板缝隙处事先处理黏接处的灰尘，做到接口处干净、平齐；黏结无色差，无明显胶印。

（7）抛光打蜡要均匀，无蜡痕，台面光亮无灰尘，无划痕。

2. 安装尺寸公差

（1）台面及前角拼缝差应≤0.5mm；人造石应无拼缝。

（2）吊柜与地柜的相对应侧面直线度允许误差≤2.0mm。

（3）在墙面平直条件下，后挡水与墙面间距应≤5.0mm。

（4）橱柜左右两侧面与墙面的间距应≤10mm。

（5）橱柜台面距地面高度公差值为±10mm。

（6）门与框架、门与门相邻表面、抽屉与框架、抽屉与门、抽屉与抽屉相邻表面的公差应≤2.0mm。

（7）台面拼接时的错位公差应≤0.5mm。

3. 牢固度

（1）台面与柜体要结合牢固，不得松动。

（2）吊柜安装完毕，门中缝应能承受150N的水平冲击力，底部应能承受150N的垂直冲击力，柜体无任何松动和损坏。

4. 安全指标

（1）吊柜与墙面的安装应结合牢固，不得有吊柜跌落或吊码松动、变形现象。

（2）木家具、人造板及其制品中甲醛释放量应符合GB18580—2001的规定。

5. 确认交付

在按照标准对橱柜进行验收后，安装人员必须征得用户确认及签字，完成交付。

6.2 现代橱柜的维护与保养

随着人们对厨房的品位及内涵的逐渐重视，消费者已把厨房作为装修工程的重头戏，但是让很多消费者头疼的事却接踵而来：橱柜的使用频率过高该如何保养？橱柜在使用过程中出现一些异常或故障该如何解决？所以，了解并向用户交代橱柜维护和保养的具体要求，对提高橱柜的使用寿命有重要的意义。

6.2.1 柜体的维护与保养

（1）日常使用中，应避免水或者其他液体渗入柜内，以免柜体长时间与液体接触，同时保持厨房通风干燥。

（2）餐具、炊具等在清洗完毕后，应先沥干水分并擦拭干净再放入柜子，以免造成柜子潮湿。

（3）定期清洁。清洁柜身时，切忌用湿布直接擦拭柜身，如有水迹要及时擦拭干净。

6.2.2 台面的维护与保养

（1）台面表面尽量保持干燥，耐火板、抗倍特台面避免长期浸水，防止台面开胶变形。人造石台面要防止水中的漂白剂和水垢使台面颜色变色，影响美观。

（2）严防烈性化学品接触台面，如去油漆剂、金属清洁剂、炉灶清洗剂、亚甲基氯化物、丙酮（去指甲油剂）、强酸清洗剂等。若不慎与这些物品接触，应立即用大量肥皂水冲洗表面；若粘上指甲油应用不含丙酮的清洗剂（如酒精）擦拭，再用水冲。

（3）不要让过重或尖锐物体直接冲击表面，超大或超重器皿不可长时间置于台面之上，也不要用冷水冲洗后马上再用开水烫。

（4）用肥皂水或含氟水等成分的清洁剂（如洗洁精）清洗台面。对于水垢可以用湿抹布将水垢除去再用干布擦净。

（5）对于刀痕、灼痕及剐伤的处理。如果台面是亚光的，可用400~600目砂纸打磨直到刀痕消失，再用清洁剂和百洁布恢复原状；如果台面是镜面的，先用800~1200目砂纸打磨，然后使用抛光蜡和羊毛抛光圈以1500~2000r/min低速抛光机抛光，再用干净的棉布清洁台面；细小白痕用食用油和干抹布润湿，轻擦表面即可。由于不同原因使台面有较多划痕，或由于使用时间较长（1~2年）影响美观，可请专业人员进行专业处理。

（6）人造石台面的日常维护需注意：

① 连续烹饪时间不宜过长，以不超过2h为宜。

② 禁止将进行过高温烹饪的炊具（如高压锅、煲之类）直接放置于台面上，防止台面局部损坏。

③ 勿将物品长期放置于台面某一位置，以免因光线原因引起台面色差。

（7）所有橱柜台面均不宜直接做切菜板用，应在上面加垫切菜板。

6.2.3 门板的维护与保养

（1）长清洗，多擦拭，经常保持门板的干爽。高光面门板需使用质地较细的清洁布擦拭；实木门板最好用家具水蜡清洁；水晶门板可用绒布清洁擦拭，或以干布轻拭；烤漆门板则要用质细的清洁布蘸中性清洁液擦拭，要避免尖物接触留下刮痕。另外，轻开轻关门板、门铰链定期上机油等可以延长橱柜的使用年限。如屋内湿度过高，则需要在厨房内加装除湿机，以保持橱柜的干燥，防止变形。

（2）水晶门板及烤漆门板由于色彩亮丽，深受众多家庭的喜爱。这些门板在清洁时，禁用硬质物体碰撞、摩擦门板表面，禁止使用化学用品（如天拿水、环酮等）作为清洁剂，以免损伤门板。

另外，烤漆门板，使用久了漆面的光泽就会变很暗。可泡上一壶浓茶，等稍凉后用软布蘸上擦洗漆面，即可恢复原来的光泽。

（3）安设玻璃推拉门或木制拉门，如遇到拉门发紧或磨损严重，可采用以下方法处理：在拉门的下拉槽内，滴上一些蜡，如不便带火滴蜡，也可将蜡削末，放入下拉槽内，由于蜡的润滑作用，拉门就会滑动自如了。如家具中的抽屉发紧，也可用此种方法来润滑。

（4）柜门应避免长时间地被阳光直射，以防止门板出现变形、变色、开裂、脱胶、鼓泡等问题。

6.2.4 相关设备的维护与保养

（1）厨房电器包括吸油烟机、灶具、微波炉、烤箱、消毒柜、洗碗机和电冰箱等，在使用前要详细阅读有关产品的使用说明书，以确保正确使用，避免因使用不当造成的损坏。

（2）厨房各类电器应严格参照电器的使用说明进行清洗和保养，在清洗之前，首先应切断电源以确保人身安全。

（3）水槽是整个厨房中最难清洁的部件之一。不锈钢水槽在清洁时忌使用硬质百洁布、钢丝球、化学剂擦拭或刚刷磨洗，应使用软毛巾、软百洁布带水擦拭或用中性清洁剂，否则容易造成刮痕或侵蚀。清洁其他材质的水槽，可以使用洗洁精或肥皂水来去除油腻，清洗时，应避免使用硬质的清洁工具。珐琅水槽要避免重击或尖锐物弄伤表面。水槽切勿积水，如有排水不良的现象，应尽快请维修人员来检修。如果水槽、出水管接头漏水，必须及时修理，否则将导致柜身受潮而发霉、发胀。

（4）每次清洁水槽时要记得把滤盒后的管部颈端一并清洗，以免长期使用后油垢越积越多。如果出现类似情况可以在水槽内倒入一些去油的清洁剂然后用热水冲，再用冷水长时间冲洗。

（5）带腐蚀性的食品如芥末、酸醋、柠檬汁、盐、酱汁、茶叶等如长时间残留在水槽，会慢慢侵蚀不锈钢表面，使水槽表面出现难以清除的痕迹。所以，这类食品的残渣如留在水槽中，应及时清洗干净。

（6）不要将带污迹的海绵、抹布、胶垫等长期放置在水槽表面，以免引起铁质沉淀，造成水槽表面变色或出现锈迹。

（7）原则上所有的五金配件都应保持干净和干燥，若沾水应及时擦干，以免形成水痕或被锈蚀。

（8）铰链和滑轨在使用时间较长后应定期添加润滑油以保证部件开合顺滑。

（9）拉手上不要悬挂重物和湿物，如有松动可调节其后部的螺钉。

（10）拉篮或抽屉存放物品时注意不要超过它们所能承受的质量范围，以免损坏该部件或者减短使用寿命。

（11）不能使用酸碱性强的化学洗剂擦拭各类五金配件。

6.2.5 常见的故障排除

1. 铰链的调整方法

调整时需使用旋具。当柜门出现部分掉落或错位的情况时，可参照以下方法进行调整，如图6-2所示。

（1）柜门部分掉落时的修理方法：将螺钉A拧紧。

（2）柜门前后方向的调整方法：将螺钉A拧松，移动铰链，调整后再将螺钉A拧紧。

（3）柜门左右方向（错位）的调整方法：将螺钉A拧松，调整螺钉B，将铰链固定到理想位置，再将螺钉A拧紧。

2. 层板位置的调整方法

将层板托拔出，插入希望固定的最后位置，再将层板妥善置于其上即可，如图6-3所示。

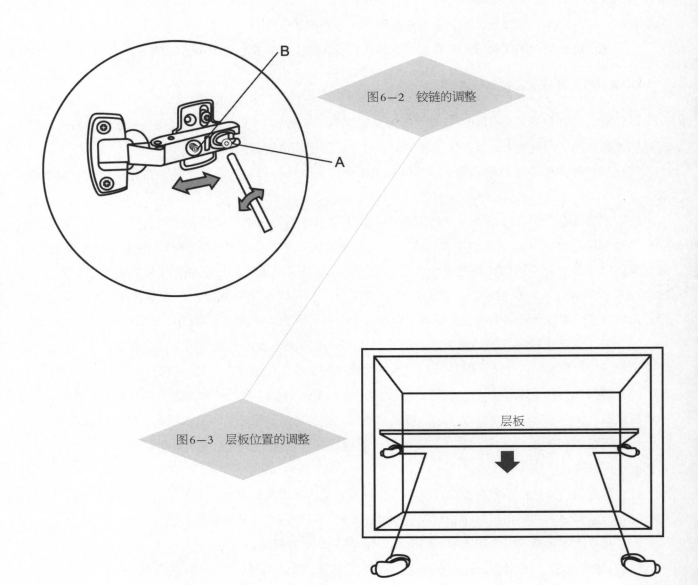

图6-2　铰链的调整

图6-3　层板位置的调整

测　试　题

一、填空题（请将正确答案填在横线空白处）

1. 装配后柜体宽度方向应为负公差 − 1mm，对角偏差应小于_____mm。

2. 橱柜安装时，台面及前角拼缝应≤_____mm，人造石应无拼缝。

3. 柜体拼接，每隔_____mm左右装1个暗扣连接件或2个沉头螺钉。

4. 灶具安装时，若上方装有排油烟机，则其距灶面_____mm为宜。

二、判断题（判断下列说法是否正确，若正确请画"√"，错误请画"×"）

1. 厨房内管道及接口安装，定位尺寸误差应为±5.5mm。（　　）

2. 洗涤池与排水立管相连时，优先采用硬管连接，并按规范保证坡度。（　　）

3. 橱柜安装交付前的自检中，要求柜门开关自如，门缝以2~3mm为准。（　　）

4. 清洁柜身时，可用湿布直接擦拭柜身。（　　）

5. 橱柜台面可以直接做切菜板用。（　　）

6. 柜体安装时，一般情况下先安装吊柜，这是因为吊柜最容易定位。（　　）

三、单项选择题（每题的备选项中，只有1个是正确的，请将其代号填在横线空白处）

1. _____用于柜身部件和门板的封边加工。

    A. 封边机　　　　　B. 双端铣　　　　　C. 裁板机　　　　　D. 推台锯

2. _____用于橱柜各部位连接孔的加工。

    A. 封边机　　　　　B. 排钻　　　　　C. 模压机　　　　　D. 推台锯

3. 人造大理石台面加工的最后一道工序是_____。

    A. 下料　　　　　B. 前后挡水成型　　　C. 打磨和抛光　　　D. 拼装

4. 电气线路布置图中，地柜嵌入电器使用的插座距地面高度尺寸为_____mm。

    A. 300　　　　　B. 1300　　　　　C. 2000　　　　　D. 2500

四、多项选择题（每题的备选项中，至少2个是正确的，请将其代号填在横线空白处）

1. 安装橱柜的墙面应贴满瓷砖，橱柜背面铺瓷砖主要是从_____方面考虑。

    A. 防水　　　　　B. 美观　　　　　C. 防潮　　　　　D. 受力

    E. 安全

2. 门板的安装要做到_____。

    A. 不易被阳光直射　B. 横平竖直　　　C. 门板闭合紧密　　D. 门之间缝隙小

    E. 门之间缝隙均匀

3. 防火板门板加工制作工艺流程包括_____。

    A. 裁板　　　　　B. 贴面　　　　　C. 封边　　　　　D. 铣型

    E. 打孔

答　案

一、填空题

1. 1　2. 0.5　3. 300　4. 650~750

二、判断题

1. ×　2. √　3. √　4. ×　5. ×　6. ×

三、单项选择题

1. A　2. B　3. C　4. A

四、多项选择题

1. ABCDE　2. BCDE　3. ABCE